水产养殖用药减量行动系列丛书

水产品质量安全评价知识手册

全国水产技术推广总站　编

中国农业出版社

北　京

图书在版编目（CIP）数据

水产品质量安全评价知识手册/全国水产技术推广
总站编 .—北京：中国农业出版社，2021.6
（水产养殖用药减量行动系列丛书）
ISBN 978-7-109-28310-7

Ⅰ．①水… Ⅱ．①全… Ⅲ．①水产品－质量管理－安
全评价－中国－手册 Ⅳ．①TS254.7-62

中国版本图书馆 CIP 数据核字（2021）第 101655 号

中国农业出版社出版
地址：北京市朝阳区麦子店街 18 号楼
邮编：100125
策划编辑：王金环
责任编辑：王金环　肖　邦
版式设计：杜　然　责任校对：吴丽婷
印刷：中农印务有限公司
版次：2021 年 6 月第 1 版
印次：2021 年 6 月北京第 1 次印刷
发行：新华书店北京发行所
开本：880mm×1230mm　1/32
印张：6.75
字数：220 千字
定价：48.00 元

水产养殖用药减量行动系列丛书

本书编委会

主　　编　于秀娟　冯东岳

副 主 编　胡　鲲　房文红

编写人员（按姓氏笔画排序）

于秀娟　王　浩　王启要　冯东岳

闫晓昊　李　阳　沈锦玉　宋晨光

张馨馨　陈　艳　房文红　胡　鲲

阎墨桐

丛书序

为贯彻落实新发展理念，推进水产养殖业绿色高质量发展，2019年，经国务院同意，农业农村部会同国家发展改革委等10部委联合印发了《关于加快推进水产养殖业绿色发展的若干意见》（以下简称《意见》），提出了新时期推进水产养殖业绿色发展的目标任务和具体举措。这是新中国成立以来第一个经国务院同意、专门针对水产养殖业的指导意见，是当前和今后一个时期指导我国水产养殖业绿色发展的纲领性文件，对水产养殖业转型升级和绿色高质量发展具有重大而深远的意义。

为贯彻落实《意见》部署要求，大力发展生态健康的水产养殖业，2020年，农业农村部启动实施了水产绿色健康养殖"五大行动"，包括大力推广生态健康养殖模式，稳步推进水产养殖尾水治理，持续促进水产养殖用药减量，积极探索配合饲料替代幼杂鱼，因地制宜试验推广水产新品种等五个方面，并将其作为今后一段时期水产技术推广重点工作持续加以推进。其中，水产养殖用药减量行动要求坚持"以防为主、防治结合"的基本原则，大力推广应用疫苗免疫和生态防控等技术，加快推进水产养殖用药减量化、生产标准化、环境清洁化。围绕应用生态养殖模式、选择优良品种、加强疫病防控、指导规范用药和强化生产管理等措施，打造一批用药减量、产品优质、操作简单、适宜推广的水产养殖用药减量技术模式，发掘并大力推广"零用药"绿色养殖技术模式，因地制宜地组织示范、推广应用。

为有效指导各地深入实施水产养殖用药减量行动，促进提升水产品质量安全水平，我们组织编写了这套《水产养殖用药减量行动系列丛书》，涉及渔药科普知识、水产养殖病原菌耐药性防控、水产品质量安全管理等多方面内容。丛书在编写上注重理念与技术结合、模式与案例并举，力求从理念到行动、从技术手段到实施效果，使"水产养殖减量用药"理念深入人心、成为共识，并助力从业者掌握科学用药原理与技术，确保"从养殖到餐桌"的水产品质量安全，既为百姓提供优质、安全、绿色、生态的水产品，又还百姓清水绿岸、鱼翔浅底的秀丽景色。

期待本套丛书的出版，为推动我国早日由水产养殖业大国向水产养殖业强国转变做出积极贡献。

丛书编委会

2020 年 9 月

前　言

　　"民以食为天，食以安为先。"2019 年 5 月 9 日，中共中央、国务院印发《关于深化改革加强食品安全工作的意见》指出，食品安全关系人民群众身体健康和生命安全，关系中华民族未来。党的十九大报告明确提出实施食品安全战略。人民日益增长的美好生活需要对加强食品安全工作提出了新的更高要求。

　　水产品质量安全问题是我国社会发展到特定阶段的一个重要课题，是目前我国食品安全的一个缩影，具有典型的代表性。水产品质量安全，是国家经济发展水平和人民生活水平、质量的重要标志。

　　《中共中央　国务院关于抓好"三农"领域重点工作确保如期实现全面小康的意见》（2020 年 1 月 2 日）重点指出：深入开展农药化肥减量行动；加强绿色食品、有机农产品认证和管理。2020 年，根据中共中央办公厅、国务院办公厅《关于创新体制机制推进农业绿色发展的意见》精神，农业农村部在《2020 年农业农村绿色发展工作要点》中重点指出：提高农产品质量安全水平；试行食用农产品合格证制度，建立生产者自我质量控制、自我开具合格证和自我质量安全承诺制度。

　　有效开展水产品质量安全评价是保障水产品质量安全

的基础。有鉴于此，我们编撰了《水产品质量安全评价知识手册》一书。该书结合当今实施乡村振兴战略目标和农业绿色发展背景，分析了水产品产品质量安全的内涵、特点和现状；总结了水产品质量安全评价的原理和方法；比较了全球主要国家/地区水产品质量安全评价体系；重点阐述了水产品生物风险和化学风险的评价技术体系；在此基础上，对我国水产品质量安全标准体系进行了总结。

本书是水产业内首次针对质量安全评估技术资料开展的系统性总结，期望该工作能为政府主管部门、基层技术单位和生产企业开展水产品质量安全评估提供有益的参考。由于编者水平所限，书中难免存在错误和疏漏，敬请广大读者批评指正。

编　者
2020 年 12 月

目 录

第一章　概　　述

第一节　水产品质量安全评价概述

食品安全不仅关系公众的生命和健康，是一个重要的民生问题，而且在很大程度关系着政府公信力，是其执政能力的直接体现。实施水产品质量安全评价是保障人民健康、维护社会和谐稳定的重要内容，是落实政府为人民群众提供安全保障的职责所在。

风险评价是我国《中华人民共和国农产品质量安全法》和《中华人民共和国食品安全法》对水产品质量安全确立的一项基本的法律制度，也是国际社会对水产品质量安全管理的通行做法，既可以通过比较同一区域不同时期水产品质量安全风险的变化，对水产品质量安全状况提前做出预警，也可以评判多个不同区域水产品质量安全水平的高低，作为政策强化程度的依据。因此，了解水产品质量安全风险评价的基本知识对推动质量安全监管由末端控制向风险控制转变、由经验主导向科学主导转变、由感性决策向理性决策转变具有重要意义。

一、相关概念

农产品：是指来源于农业的初级产品，即在农业活动中获得的植物、动物、微生物及其产品，包括食用和非食用两个方面。对于农产品质量安全评价而言，农产品指食用农产品，包括鲜活农产品及其直接加工品。

无公害农产品：是指生产过程符合规定的无公害农产品生产技术操作规程，不受农药、重金属等有毒、有害物质污染，或有毒有害物质控制在安全允许范围内的食品及其加工产品。无公害农产品是根据我国农产品生产和国民消费水平实际需要而提出来的，具有中国特色，是大众消费的、质量较好的安全农产品。无公害农产品需经省一级以上农业行政主管部门授权有关认证机构认证，经认证后允许使用无公害农产品标志。在未来一定时期内，这是我国农业生产、农产品加工和国民消费的主流食品。

绿色农产品：是遵循可持续发展原则、按照特定生产方式生产、经专门机构认定、许可使用绿色食品标志的无污染的农产品。绿色农产品在生产方式上对农业以外的能源采取适当的限制，以更多地发挥生态功能的作用。我国的绿色食品分为 A 级和 AA 级两种。其中 A 级绿色食品生产中允许限量使用化学合成生产资料，AA 级绿色食品则较为严格地要求在生产过程中不使用化学合成的肥料、农药、兽药、饲料添加剂、食品添加剂和其他有害于环境和健康的物质。按照行业标准，AA 级绿色食品等同于有机食品。

有机农产品：是根据有机农业原则和有机农产品生产方式及标准生产、加工出来的，并通过有机食品认证机构认证的农产品。有机农业的原则是，在农业能量的封闭循环状态下生产，全部过程都利用农业能源，而不是利用农业以外的能源（化肥、农药、生产调节剂和添加剂等）影响和改变农业的能量循环。有机农业生产方式是利用动物、植物、微生物和土壤四种生产因素的有效循环，不打破生物循环链的生产方式。有机农产品是纯天然、无污染、安全营养的食品，也可称为"生态食品"。

水产品：是指海洋和淡水渔业生产的动植物及其加工产品的统称，即在渔业活动中获取的动植物以及其产品，能够供人类食用；包括鲜、冷、冻、干、腌渍的鱼类，软体动物类，甲壳动物类，藻类等水生动植物产品。

风险：是指将对人类、动物健康或环境产生不良效应的可能性和严重性，这种不良效应是由农产品或农业生产中存在或带来的某种危害所引起。风险是一种健康不良效应的可能性及该效应严重程度的函数，表达为概率及严重程度的可能性。

安全：对食品按照其原定用途进行制作和食用时不会使消费者

受害的一种保障。

食品安全：生产、加工、储存、分配和制作食品过程中确保食品安全可靠，有益于健康并且适合人消费的种种必要条件和措施。符合营养、卫生与质量安全要求的食品可以称为安全食品。

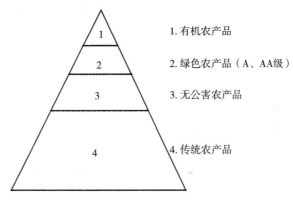

1. 有机农产品

2. 绿色农产品（A、AA级）

3. 无公害农产品

4. 传统农产品

图 1-1　不同等级农产品的金字塔分布示意图

水产品质量安全：是指水产品的养殖、加工、包装、贮藏、运输、销售、消费等活动符合国家强制标准和要求，不存在可能损害或威胁人体健康的有毒有害物质以导致消费者病亡或者危及消费者及其后代的隐患。国家强制标准和要求既包括整个生产环境是否符合国家标准，也包括其中使用的相关投入品是否符合国家标准。

风险分析：是在掌握危害及风险的基础上，通过人为研究、分析及管理等一系列复杂过程旨在达到在任何情况下控制或削减危害，并在危害发生后进行有效补救的综合措施。按照程序，风险分析是由风险评价、风险管理和风险交流三部分组成的一个过程。

风险评价：是系统地采用一切科学技术及信息，在特定条件下，对动、植物和人类或环境暴露于某危害因素产生或将产生不良效应的可能性和严重性的科学评价。它是对科学信息及其不确定信息进行组织和系统研究的一种方法，用以回答有关危害因素危险性的具体问题，它要求对相关资料作出评价，并选择适当的模型对资料作出判断，同时要明确认定其中的不确定性，并在某些具体情况下利用现有数据和资料推导出科学、合理的结论。风险评价是水产品质量安全风险分析的基础和核心，是对人体暴露于水产食源性危害所产生的已知或潜在的影响人体健康危害的科学评价，是系统地组织科学技术信息，并对相关信息进行评价，以确定有关健康风险的特定问题，是水产品质量安全评价、限量标准制定与风险管理的重要技术支撑。

水产品质量安全分析：指对水产品可能产生不良效应的危害进行评价，并在此基础上采取规避或降低危害影响的措施。

二、水产品质量安全的内涵

1. 水产品质量安全概念的产生 包括水产品在内的农产品质量安全的概念由"食物保障"的概念发展而来。1974 年 11 月，针对发展中国家出现严重的食物危机，"食物保障"的概念第一次被提出：即通过发展农业生产、增加粮食储备，以保证人人能够摄入足够的食物，从而在数量上满足人们基本的生活需要。20 世纪 90 年代以后，随着发展中国家人均粮食占有量持续增长，"食物保障"的内涵也发生了变化：1996 年 FAO 在"食物保障"的条款中特别增加了"安全和富有营养"等内容，首次提出"质量安全"的概念：不仅包括食物数量上满足人们的生活需要，更要在质量上做到要营养全面、安全卫生、无毒无害。

2. 水产品质量安全的内涵 包括水产品在内的农产品质量安全，通常有三种认识：

一是把质量安全作为一个词组，是农产品安全、优质、营养要素的综合，这个概念被现行的国家标准和行业标准所采纳，但与国际通行说法不一致。

二是指质量中的安全因素，从广义上讲，质量应当包含安全，之所以叫质量安全，是要在质量的诸因子中突出安全因素，引起人们的关注和重视。这种说法符合目前的工作实际和工作重点。

三是指质量和安全的组合，质量是指农产品的外观和内在品质，即农产品的使用价值、商品性能，如营养成分、色香味和口感、加工特性以及包装标识；安全是指农产品的危害因素，如农药残留、兽药残留、重金属污染等对人和动、植物以及环境存在的危害与潜在危害。这种说法符合国际通行原则，也是将来管理分类的方向。

从以上三种定义可以看出，水产品质量安全概念是在不断发展变化的，在不同的时期和不同的发展阶段，农产品质量安全的内涵和外延各不相同。质量安全在不同阶段的主要矛盾各不相同。从发展趋势看，大多是先笼统地抓质量安全，启用第一种概念；进而突出安全，推崇第二种概念；最后在安全问题解决的基础上重点提高品质，抓好质量，也就是推广第三种概念。

总体上讲，生产出既安全又优质的农产品，既是农业生产的根本目的，也是农产品市场消费的基本要求，更是农产品市场竞争的内涵和载体。

三、水产品质量安全评价的基本模式、特点和原则

1. 基本模式 水产品质量安全风险评价分为化学风险评价、生物风险评价和物理风险评价三类基本模式。

（1）化学风险评价 化学风险评价是指通过对相关的科学信息技术及其不确定信息进行组织分析，来评价化学危害物对人体健康造成的潜在的不良影响以及暴露水平和观察到的影响之间的直接关系。化学危害物主要包括水产食品添加剂、农药残留、兽药残留、天然毒素、环境污染物等。通过化学危害物的风险评价，可以分析化学危害物的来源，从而有针对性地制定出水产品中这一化学危害物的监管措施。例如，我国通过连续5年对"三鱼"（鳜、乌鳢、大菱鲆）中的"两药"（孔雀石绿及硝基呋喃类代谢物）的专项评价，通过现场调研、模拟实验和药物代谢实验，加强了对孔雀石绿在养殖、运输、暂养等环节违法使用的打击力度，减少了水产品中的孔雀石绿残留对人体健康产生的威胁。

（2）生物风险评价 生物危害风险评价是指任何导致消费者健康问题的生物因素对人体健康可能造成的不良影响所进行的科学评

价。生物危害物主要包括细菌、真菌、病毒、藻类和它们产生的某些毒素、转基因生物等。根据生物因子对个体和群体的危害程度，生物因子分为 4 级。其中，危害等级Ⅰ级指不会对人体致病的生物因子，危害等级Ⅱ级指能引起人发病但一般情况下对人体健康不会造成严重危害的生物因子，危害等级Ⅲ级指能引起人严重疾病但一般情况下不能因偶尔接触在个体间传播的生物因子，危害等级Ⅳ级指能引起人非常严重疾病且容易直接、间接或因偶尔接触在个体间传播的生物因子。1988 年，上海市民因食用了携带甲肝病毒的不洁毛蚶而发生了甲肝暴发流行，导致 31 万多人发病，31 人死亡；2020 年，山东蓬莱连续发生了多起因食用携带甲肝病毒和戊肝病毒的贝类海产品而导致的甲肝、戊肝病例。因此，生物危害物风险评价是水产品质量安全风险评价的核心工作，对确定防控重点对象、预防因水产品引起的人类传染病的发生与流行具有重要的意义。

（3）物理风险评价　物理风险评价是指对水产品本身携带或加工过程中带入的杂质在被消费者食用后对人体造成危害的评价。物理危害物的来源主要包括：①水产品在养殖过程中可能误食的金属碎片、铁丝、针类碎片。②水产品在捕捞过程中残留的鱼钩针尖。③鱼类产品在剔骨加工时残留在鱼肉中的截断鱼刺，贝类产品去壳时残留的贝壳碎片，蟹肉加工时残留的蟹壳碎片。④水产品在加工过程中切割、搅拌、包装等金属机械设备上脱落的金属碎片、钢锯碎末、不锈钢丝、注射针。⑤水产品在加工、包装、存储过程中的玻璃碎片残留。⑥水产品本身吸附的外来放射性物质。物理性危害物造成人类的安全风险主要包括割破或刺破口腔、咽喉、肠胃的组织，损坏牙齿和牙龈，卡住咽喉、食道、气管造成窒息等，但相对于化学危害物和生物危害物，物理危害物更容易进行风险分析和预防，通常不作为水产品质量安全风险评价的重点。

2. 水产品质量安全评价的特点

（1）特定性　特定危害物在特定条件下在特定水产品或水产品的不同部位中会有不同水平，对人体健康产生风险。例如，致病微生物存活的温度不同，因而对需要高温烹饪和低温冷藏的水产品中的致病微生物的风险评价也就不同；甲肝病毒、戊肝病毒最易污染贝类水产品，因而对贝类水产品和其他水产品中肝炎病毒的风险评价也就不同。经过脱毒技术处理的养殖河鲀的肌肉中不含河鲀毒素，可放心食用；而野生河鲀一般含有河鲀毒素，风险较高。

（2）动态性 危害物本身是动态存在的，在水产品中的污染量会随着时间、环境等的改变而发生变化，因而危害物的暴露评价不是一成不变的。例如，2018年上海市宝山区疾病预防控制中心对宝山区市售水产品中副溶血弧菌的污染情况进行了检测，发现第三季度市售水产品中副溶血弧菌的检出率（48.44%）高于第二季度（36.67%），淡水水产品中副溶血弧菌的检出率（40.50%）高于海水水产品（24.80%），活、鲜水产品中副溶血弧菌的检出率（42.99%、38.71%）高于冷冻水产品，农贸市场和餐饮单位采集的水产品中副溶血弧菌的检出率（42.95%、37.50%）高于超市（12.35%）。

（3）不确定性 食用危害物污染的水产品对人体健康具有危害，但水产品中危害物限量的固定标准却有不同，而且超出限量的危害物对人体健康的影响也有不确定性。例如，不同水产品中的铅限量标准不同。《无公害食品 水产品中有毒有害物质限量》（NY 5073—2006）规定我国鱼类和甲壳类中铅含量不得超过0.5mg/kg，而贝类和头足类中铅限量为1.0mg/kg。因此，食用铅污染水平不同的水产品对人体健康的危害也产生了不确定性。铅慢性中毒引起神经功能紊乱、贫血、免疫力低下、记忆力减退等症状，摄入过量则对人体造血功能、心血管、肾脏、内分泌、神经系统、消化系统等多方面都会产生危害。

3. 水产品质量安全评价的原则 水产品质量安全评价一般遵循以下基本原则：

（1）科学性原则 水产品质量安全评价应完全建立在科学的基础之上。例如，欧盟食品安全风险评价制度的第一项，也是最重要的基本原则是科学上的卓越性，即欧盟食品安全管理局向欧盟的风险管理者提供的食品安全风险评价的建议应当具有最高质量的科学性。

（2）独立性原则　水产品质量安全评价应具有独立性。一是风险管理部门应当根据公共利益独立采取行动。二是风险评价部门和人员必须独立于任何外部影响而采取行动，特别是独立于食品生产企业和其他利害关系人。三是风险评价与风险管理必须分离。

（3）透明性原则　水产品质量安全评价的进行应该是透明的。透明性的含义是指水产品质量安全风险评价的过程和结果都要公开和透明。例如，风险评价者的议程、时间等信息，任何影响风险评价的约束条件，诸如成本、资本或时间等，都应该予以公开。

（4）公众协商性原则　公众协商性原则是风险评价部门为了确保风险评价草案的最后版本具备完整性、正确性和清晰性而向公众寻求信息、数据和观点。该原则中的"公众"包括学者、非政府组织、行业和所有其他潜在的利益方和受影响的各方。公众协商是一个反复的过程，而不是一个单一事件。

第二节　水产品质量安全评价的背景、现状和趋势

一、食品质量安全危机产生的原因

信息不对称是食品质量安全危机产生的重要原因。

信息不对称理论是指在市场经济活动中，各类人员对有关信息的了解是有差异的；掌握信息比较充分的人员处于有利地位，信息贫乏的人员则处于不利地位。该理论显示在市场交易中，买卖双方处于不平等地位。

我国养殖水产品从产地到食用的流程为养殖场-加工厂-水产品批发市场-零售市场-消费者，在水产品的各个环节中都有信息不对称现象，主要表现在以下几个方面：

①消费者在购买之前不能判定想要购买的农产品是否安全。水产品集约化养殖程度较低，风险分散，在购买终端对于风险的判别

难度极大。以近年来大型城市生鲜超市中的鲜活水产品为例，除了在养殖环境的安全风险，储运环节（确保水产品的鲜活运输）的安全风险更令人关注。

②质量安全措施会增加生产者的成本，而信息的缺乏又会减少生产者提供质量安全农产品的动力。水产是农产品中市场化程度最高的产业之一。目前市场反馈的信息表明，不同安全和品质等级的同一种水产品价格相差巨大，甚至有 100 倍之多。由于消费理念及习惯等方面的原因，生产环境投入的安全保障成本往往无法在水产品品质上直接体现，或者体现方式微弱。

③当消费者得知某一农产品质量安全事件而不能将其归责于某一生产者时，消费者会简单地停止消费该类农产品，安全优质农产品的生产者会受到伤害，甚至退出市场。牛奶"三聚氰胺事件"和"三鱼两药"事件就是最为典型的代表。

二、食品质量安全评价是解决信息不对称的重要手段

水产品质量安全评价是改变质量安全信息不对称状况不可替代的手段。可让通过评价让生产者、加工者、销售者、消费者能够充分了解食品安全的相关信息，弥补市场机制缺陷。

实施水产品质量安全评价，运用食品质量安全信息披露制度、信息评价制度、信息预警制度等提高消费者的信息获取意识，明确食品供给者的信息披露义务，并明确其信息提供不及时、信息提供不准确的责任，鼓励行业协会、公众媒体时时关注食品质量安全问题并提供准确的食品质量安全相关信息，切实保障食品质量安全信息的及时供给，促进食品质量安全水平的提升。

水产品质量安全评价是协调水产品生产、流通等全产业环节，为其正常运转创造良好的条件和环境的重要措施，是政府公共权力运行机制的组成部分。

水产品质量安全评价是解决水产品出口贸易中对水产品进口国相关技术标准信息不对称，最大限度避免绿色贸易壁垒的最优措施。

三、食品安全评价的法则

在食品安全评价标准的制定过程中，一般遵循三个最基本的法则：

一是经济理性，即有关"社会最优"风险水平的一个概念，也就是食品安全水平的改变所引起的边际成本与边际收益相等。

二是科学理性，也就是对制定的食品安全法规进行风险分析，目前该方法被各国政府及国际组织广泛应用。

三是预警原则，就是在没有足够的科学证据证明食品安全性的情况下，仍必须采取措施来保证人类的安全。

四、我国应对水产品质量安全危机的措施

频发的水产品质量安全危机正在推动水产品质量管理的方法发生深刻的变革。

1. 完善水产品质量安全评价体系 国家层面有关水产品质量安全的管理部门职能分工明确。农业部门负责初级农产品生产环节的监管，质检部门负责食品生产加工环节的监管，工商部门负责食品流通环节的监管，卫生部门负责消费环节的监管，食品药品监管部门负责对食品安全的综合监督、组织协调和依法组织查处重大事故，并建有部际协调会议机制，从而在国家层面上对水产品质量安全管理的建设奠定了稳定基础。2006 年，《中华人民共和国农产品质量安全法》正式颁布实施，对农产品质量安全工作具有里程碑意义，首次从国家立法高度明确了各有关方面的法律责任。国家颁布实施了《中华人民共和国农产品质量安全法》《中华人民共和国食品安全法》和与之相配套的《〈食品安全法〉实施条例》等相关法律法规，进而在国家法律法规政策方面对水产品质量安全管理做出了强力保障。总体来说，我国水产品质量安全管理有较稳定的基础。

2. 系统开展水产品质量安全基础研究 加强了渔药基础理论，特别是代谢动力学研究，为渔药的安全、合理使用提供依据。加强

渔药残留检测监控体系的完善。鼓励新型、高效渔药替代传统高风险药物。

3. 实施"水产品药物残留专项整治计划" 2002 年 8 月 14 日，农业部、国家质量监督检验检疫总局联合印发了《水产品药物残留专项整治计划》（以下简称《计划》）。《计划》的主要内容包括：①禁用药物的违法生产、经营和销售，成分不清的渔药及其标签内容的清理；②规范养殖、捕捞生产行为，特别是规范用药记录和逐步建立渔药用药处方制度；③完善水产品加工企业的质量管理制度，加强原材料监控，严格规范加工过程中的生产行为。

4. 水产品质量评价的国际化 中国作为国际食品法典委员会（Codex Alimentarius Commission，CAC）的成员国全面参与 CAC 技术标准、规范的评价、验证等工作，培养了一批熟悉 CAC 技术标准的水产技术专家，并将 CAC 标准作为我国水产品质量安全标准制定的主要依据。

第二章 水产品质量安全评价的原理和方法

安全评价也可以被称为"风险评价",是系统地采用一切科学技术及信息,在特定条件下,对包括水产品在内的食品暴露于某危害因素产生或将产生不良效应的可能性和严重性的科学评价。

风险评价的方法主要有3类:定量评价法、定性评价法、定性与定量相结合的半定量/半定性评价法。采用0~100%之间数值描述风险发生概率或严重程度的方法为定量评价;采用"高发生概率""中度发生概率"及"低发生概率"或将风险分为不同级别来描述风险发生概率及严重程度的方法为定性评价;两者兼而有之为半定量/半定性风险评价(表2-1)。

(1)定性评价法(Qualitative assessment) 依靠主体是人,主要根据评价者的经验和知识,经过对系统的安全状况的分析和演绎归纳,不需要给出精确的量化值,只需用相对值来判断出水产品质量是否安全。评价者一般都是有相关资质的专家,掌握水产品安全的标准和方法。

(2)定量评价法(Quantitative) 依靠的主体是数值化指标,对影响水产品质量安全的相关风险指标,如添加剂、微生物污染、水源污染等,计算相关的量化数据,得出直观的计算结果进行分析评价。

表 2-1 风险评价方法汇总

评价方法	具体定义	优点	缺点	常用方法
定性评价	根据经验和知识,对系统的安全状况进行分析和演绎归纳,不需要给出精确的量化值,只需用相对值来判断水产品质量是否安全	得出评价结果容易,评价过程简单,速度快。成本低,效率高	结果数据模糊,主观性强,对参评人员要求高	历史比较法、德尔斐因素分析法、逻辑分析法

（续）

评价方法	具体定义	优点	缺点	常用方法
定量评价	计算影响安全评价的相关分析指标，计算相关的量化数据，得出直观的计算结果进行评价	评价结果更科学、严谨和深刻，可用直观的数据表述，客观性较强	高度依赖历史数据，数据收集不易，高度依赖模型，痕量评价级别不统一，成本较高	时序模型、因子分析法、聚类分析法等风险图法、决策树法、回归模型
定性与定量结合	定性与定量相结合的评价法，取长补短，相辅相成，将定量评价指标进行细致分析，得出分析结果，进行定性评价，以便全面准确地判断出安全状况	结合定量和定性评价的优点，结果更准确和客观	人力和时间成本较高	基于 D-S 证据理论的风险评价方法、基于模糊综合评价的风险评价方法、层次分析法、基于灰色理论的风险评价方法

　　定性和定量评价法都各有优缺点，定性评价法太过于主观；而定量评价法太依赖于历史数据，只有初始数据客观准确，才会得出客观的评价结果。把定性与定量相结合的评价法，取长补短，通过定量评价对水产品质量安全进行细致的分析评价，得出分析结果后，进行定性的评价，实现全面准确判断出水产品安全状况的目的。鉴于水产品质量安全评价的特殊性，半定量/半定性风险评价法更为适宜。

　　水产品风险评价的过程包括危害识别（对水产品中可能影响健康的危害物进行识别，如化学物、重金属、微生物等）、危害描述（定性或定量的描述危害物，如化学物残留水平、微生物种类等）、暴露评价（对于人摄入危害物，定性或定量地评价其限度量值，如药物残留限量的规定等）和风险描述（经过前三步后，对确定危害健康的因素进行评价描述）四个步骤。

第一节　受体分析

　　受体分析是开展风险评价的基础，是实施水产品安全质量风险评价的最初程序，对于启动风险评价非常重要。

　　受体分析，即确定评价的危害，对何种对象有危害，如何表征和度量危害等，具体包括判定是否构成危害，认定危害的种类、性质，并根据现有的研究初步判定该危害是否有价值继续纳入下面步骤中进行评价等。

一、危害范围

　　根据《中华人民共和国农产品质量安全法》第六条，将农产品质量安全风险评价危害定位为可能影响农产品质量安全的潜在危害，这里包括农产品中存在及农业生产操作过程中带来的生物的、化学的及物理的危害等。水产品质量安全风险评价的范围涉及以下方面：

　　1. 生物因素危害　指影响水产品质量安全的微生物及其产生的毒素等代谢产物，主要对象包括细菌、真菌、病毒、寄生虫等。生物因素属于不可避免或不能完全避免的危害，且进行较为准确的风险评价难度较大。生物毒素能够引起人和动物的急慢性中毒、致癌、致畸等作用。生物毒素种类繁多，分布广泛，如由藻类产生的毒素、由真菌产生的毒素等。毒素由于其生物源特性，被归类为生物因素危害。

　　影响水产品质量安全的生物因素有细菌污染、病毒污染、生物毒素污染和寄生虫污染。

　　影响水产品质量安全的主要致病性细菌包括副溶血弧菌、霍乱弧菌、沙门菌、创伤弧菌、致泻性大肠杆菌、志贺菌、金黄色葡萄球菌等。根据国家食源性疾病监控系统发布的数据，2011—2016年间我国由食源性致病菌引发的安全事件中，与水产品相关的副溶血弧菌是我国危害最大、范围最广的致病菌，5年间由该菌引发的食物中毒事件高达790起，在5大食源性致病菌中位居第一，导致多达13 013人次患病。此类风险在鱼类、虾蟹、贝类中广泛存在。此外，水产品中的细菌能携带某些耐药性因子成为传播耐药性风险的重要途径，近年来逐步成为关注的热点问题。

贝类是公认的引起病毒暴发的高风险食品。水产品能传播包括甲肝病毒、诺如病毒在内的重要生物风险。诺如病毒（Noroviruses，NoVs）是能够感染人并引起人类病毒性急性胃肠炎的重要病原。人类是NoVs的唯一宿主，人类粪便是NoVs的唯一污染源，由于大雨冲刷、洪水或污水处理不当，滤食性的贝类可在其消化道大量富集NoVs。NoVs对不良环境条件抵御能力较强，生存时间长。NoVs污染的贝类（如生食的牡蛎等）成为引发人类卫生安全危机的重要隐患。

鱼类、贝类等水产品可食用组织中蓄积的麻痹性贝毒素（Paralytic shellfish poisoning，PSP）、腹泻性贝毒素（Diarrhetic shellfish poisoning，DSP）、记忆缺失性贝毒素（Amnesic shellfish poisoning，ASP）、神经性贝毒素（Neurotoxic shellfish poisoning，NSP）、河鲀毒素（Tetrodotoxin，TTX）、西加毒素（Ciguatoxin，CTX）等通常毒性强、分布广和结构稳定，人体一旦过量食入，会引发较强中毒风险。水产干制品中真菌毒素污染较普遍，毒素污染率可达53.85%；另外，由于饲料及尾水造成的黄曲霉毒素等真菌毒素通过污染水产品而威胁人类健康也是近年来关注的热点。

鱼、虾、贝等水产品是蠕虫类，包括吸虫、线虫和绦虫等寄生虫的重要传播中间体。寄生虫能经口感染和经皮感染水产品，生食感染寄生虫的水产品造成人类健康重要安全隐患。如在中国、日本、朝鲜半岛和东南亚等国家分布广泛的肝吸虫能感染草鱼等水产品，我国华南地区鱼生的消费习惯就是肝吸虫的重要传播平台，难以控制。

2. 化学因素危害　主要包括化学投入品、水产用非药品、持久性有机污染物、重金属和过敏原等。

化学投入品包括渔药、环境改良剂、水产动保产品等，主要是在农业生产过程中为提高农产品产量、质量或防控病害而使用的一类化学物质。

按照《兽药管理条例》的规定，渔药是指用于预防、治疗、诊断水生动物疾病或者有目的地调节其生物机能的物质，主要包括血清制品、疫苗、诊断制品、微生态制品、中药材、中成药、化学药品、抗生素、生化药品、放射性药品及外用杀虫剂、消毒剂。值得特别指出的是，兽用（渔用）麻醉药品、精神药品、毒性药品和放射性药品等特殊药品，需依照国家有关规定管理。

水产用非药品（以下简称"非药品"，业内称"水产动保"）概念起源于 2005 年前后，是指未经兽医部门许可、独立于渔用兽药监管之外的一类产品，按功能性质可分为化学类水质底质改良剂类、微生物制剂类、免疫增强剂类等，具有调节水质、改善底质、提高水生动物免疫力等作用。

持久性有机污染物（Persistent organic pollutants，POPs）主要来自非农业生产操作过程，在环境中难降解（滞留时间长）、高脂溶性（水溶性低），可以在食物链中累计放大，能够通过蒸发、冷凝、大气和水的输送而影响环境，其研究难度及污染严重性、复杂性和长期性远远超过常规污染物。POPs 主要包括自然本底、工业排放有毒有害化学物等，如二噁英、多氯联苯等。

重金属在小龙虾、贝类等水产品不同部位中蓄积，随着消费量的增大，重金属的风险值得关注。

过敏原是能引起某类人群对某种物质产生机体免疫的特殊反应的物质，通常引起过敏反应的过敏原为蛋白质。过敏原是近来才引起高度重视的一类物质。在发达国家，过敏物是遭到消费者投诉或召回的最大方面，所以单独将其列出来。如在加拿大，鱼类等水产品就被列入七大类过敏原物质之一。

3. 物理因素危害　相对于化学、生物因素而言，物理因素风险分析比较容易，且较容易防范。

二、评价终点

将风险评价所要保护的对象在安全领域内放大，是从生态环境到人类健康之间多个层次的问题，评价终点其实就是要保护的目标对象。风险评价终点选择应该遵循以下标准：①社会重要意义；②生物重要意义；③意义明确的可操作性定义；④预测和度量的可评价性；⑤风险的可疑性。

对于水产品质量安全风险评价而言，评价终点可以是水产品质量安全风险所威胁的人类健康及生态健康，还可以是生物多样性、动物福利、危害漂移及越境风险等；但目前最常用的评价终点只针对人类健康及生态健康。

三、度量终点

度量终点是表征水产品等受害对象暴露风险时实际用到的终点，其反映评价终点遭受危害程度的一个可度量、可表征的参数。水产品质量安全评价终点和评价度量终点一般不相同或不完全相同，也可相同。如通过鱼类等水生动物的健康反映该区域水质状况，这里鱼类是度量终点，而区域水质则是评价终点；人类健康是评价终点，而度量终点是反映不同效应的靶器官，如肝、肺、肾等。

下列条件可作为风险评价度终点选择的标准：①可预测性和响应度；②易度量；③适当的干扰尺度；④适当的途径接触；⑤适当的短暂动态；⑥较低的自然变异；⑦所度量效应的表征；⑧可广泛地应用；⑨标准的度量；⑩现存的数据。

水产品质量安全风险评价度量终点随着上述评价危害及评价终点而变化，所有的评价终点都可能成为度量终点，也可能是评价终点中某部分成为评价度量终点。

第二节　危害识别

危害识别指识别可能对人体健康和生态环境产生不良效果（包

括不良效应和不良反应）的风险源，可能存在于水产品中的生物、化学和物理因素，并对其特性进行定性描述。

危害识别一般采用的是定性方法，但最好采用定量方法。定量方法目前更适合于化学危害的风险评价，对于微生物而言难度相当大。对于化学因素（包括药物残留、持久性有机污染物和毒素等），可采取流行病研究、动物试验、体外实验、结构-活性关系等方式，也可采用已证实的科学结论来判断危害程度。

一、流行病研究

流行病研究必须采用公认的标准程序进行。在设计流行状况研究或具有阳性流行状况时，应充分考虑个体差异性、遗传易感性、与年龄性别有关的易感性及其他可能混淆因素的影响。对于水产品中的化学风险，由于摄入量有限，绝大部分流行状况研究不足以发现人群中低暴露水平的毒性作用。

二、动物试验

动物试验必须实施良好实验室操作规范（GLP）和标准化质量保证/质量控制（QA/QC）方案。试验要有足够的透明度，能符合GLP 及 QA/QC 要求。

风险物于水产动物靶器官组织的毒性作用可能是直接的，也可能是间接的。直接毒性作用必须到达损伤部位；而间接的毒性作用则可能是毒性作用改变了机体某些调节功能而影响其他部位；因此药物产生毒性作用的靶部位并不一定是其分布浓度最高的部位。

毒性风险包括一般毒性风险和特殊毒性风险。其中，急性毒性、亚慢性和慢性毒性为一般毒性风险；致突变、致畸、致癌等为特殊毒性风险。

毒性风险评价主要包括四个阶段：急性毒性试验阶段、蓄积毒性和致突变试验阶段、亚慢性毒性试验（包括繁殖试验和致畸试验）和代谢毒性试验阶段、慢性毒性试验阶段（包括致癌试验）。

三、体外试验

体外试验（*in vitro* test）相对于体内试验（*in vivo* test），体外试验可作为作用机制的补充资料。这些试验必须遵循 GLP 或其他广泛接受的程序。但是，体外试验的数据不能作为预测对人体危害的唯一资料来源。一般而言，风险评价进程不应因等待危害物的作用机理、药物代谢动力学/药效学资料而延误。

四、结构-活性关系

结构-活性关系对于识别健康危害的加权分析有用。在对一类化学物（如多氯联苯类和四氯苯丙二噁英）进行评价时，此类化学物的一种或多种物质有足够的毒理学资料，可采用毒物当量的方法并通过对该类化学物中一种物质的认识来推导该类化学物中另外物质对人类摄入后的健康危害。

一般化学物结构-活性关系是一个定量关系，即定量结构-活性关系，主要反映其化学结构与其对生态或生物体效应的因果关系和量变规律。化学物质包括其物理化学特性（如溶解性、熔点、沸点等）、立体化学特性（如电子密度等）、量子化学特性（如分子容积、表面积等）。其危害性与其中的物理化学特性具有非常大的相关性，尤其是水溶性，按 —COOH、—CO、—OH、—NH$_2$、—CN顺序，其毒性有增加的趋势。结构-活性关系对于暴露评价过程中了解化学物与度量终点之间关系效应非常重要。

第三节 危害描述

危害描述指对水产品可能存在的生物、化学和物理因素对人体健康和生态环境所产生的不良效果（包括不良效应及不良反应）进行定性和（或）定量评价，危害描述也即剂量-反应评价。危害描述的目的旨在获取危害剂量与度量终点效应之间的直接关系。通过剂量-反应模型可以完整反映危害描述阶段所有信息，所以危害描述也就是剂量-反应评价，该模型采样试验数据基于数学基本模型拟合而成。

一、相关定义

1. 不良效应与不良反应

（1）不良效应　不良效应是量反应，指接触一定剂量外来化学物后所引起的生物、组织或器官的生物学改变。此种变化的程度用量单位来表示，如毫克（mg）等。例如，含高剂量重金属的废水可使鱼类血液中胆碱酯酶的活力降低等。极端不良效应则是死亡，而最低不良效应包括组织器官病变、体重增减、体内酶活性与组成改变及其他异常的改变等。

（2）不良反应　不良反应是质反应，指接触某一化学物的群体中出现某种效应的个体在群体中所占比率，一般以百分率或比值表示，如死亡率、感染率等。其观察结果只能以"有"或"无""异常"或"正常"等计数方法来表示。

（3）损害作用与非损害作用　损害作用指引起机体机能形态、生长发育及寿命的改变，机体功能容量的降低，引起机体对额外应激状态代偿能力的损伤的不利作用。非损害作用与损害作用相对，机体发生的一切生物学变化应在机体代偿能力范围内，当机体停止接触该种外源化学物后，机体维持体内稳态的能力不应有所降低，机体对其他外界不利因素的易感性也不应增高。

损害作用与非损害作用都属于外源化学物在机体内引起的生物学作用，具有相对性和发展性。化学物对机体的损害作用的性质和强度，直接取决于其在靶器官中的剂量，但测定此剂量比较复杂。一般而言，接触或摄入的剂量愈大，靶器官内的剂量也愈大。

大多数化学物在体内的生物学效应随剂量增加而转化。根据效应可以把化学物分为Ⅰ型和Ⅱ型。Ⅰ型表示随着剂量增加，有害效应随之增加，直至死亡，它们之间关系成正比关系。Ⅱ型中比较复杂，因为其还包括有益效应，主要有营养保健功能（如饲料添加剂等）。目前，对Ⅱ型物质的风险评价开始得到重视。

2. 致死剂量与浓度

（1）剂量　剂量是指评价危害对于生物机体发挥出效应的分量，作用的强度一般和剂量大小成正相关关系。

（2）绝对致死剂量与绝对致死浓度　绝对致死剂量或绝对致死浓度表示为 LD_{100} 或 LC_{100}，指引起一组受试实验动物全部死亡的最低剂量或浓度。由于生物群体中存在耐受性的差异，所以表示一种外源化学物的毒性高低或对不同外源化学物毒性进行比较时，一般不用绝对致死剂量（LD_{100}），而采用半数致死剂量（LD_{50}）。LD_{50} 较少受个体耐受差异的影响，较为准确。

（3）半数致死剂量与半数致死浓度　半数致死剂量表示为 LD_{50}，是指在假设的实验条件下，当单一危害暴露于一个种群的生物，而该种群生物出现 50% 死亡率，在统计学上推导所得到的期望剂量，该值是衡量对生态、人类健康风险等非常重要的指标。

半数致死浓度表示为 LC_{50}，是一个与半数致死剂量相对应的概念，有时也能采用这个概念代替半数致死剂量。在定量水平上，它是指生物急性毒性试验中，使受试动物半数死亡的浓度。

在环境毒理分类学上，常常根据上述指标对存在的危害进行轻度毒性、中度毒性、高度毒性、超级毒性及生物毒性几个类型分类（表 2-2）。

表 2-2　化学物毒性分类及举例

分类	LD_{50}（mg/kg）	例子
轻度毒性	500～5 000	氯化钠
中度毒性	50～500	咖啡因
高度毒性	1～50	氰酸钠
超级毒性	＜0.01～1.0	二噁英
生物毒性	0.01	肉毒杆菌毒素

根据水产动物急性毒性试验的 LC_{50} 值评判毒物的危害等级，在国内还没有统一的规范化标准。不同行业给出了各自评判标准。

1989 年，农业部《农药安全性评价准则》给出了农药对鱼类的急性毒性危害分级标准（表 2-3）。1990 年国家环境保护局的《环境监测技术规范》中给出了污染物对鱼类急性分级标准（表 2-4）。1994 年，针对新化学品管理，国家环境保护局又制定了《新化学物危害评价准则》，其中给出了新化学品对鱼类急性毒性的危害等级标准（表 2-5）。

表 2-3　农药对鱼类的急性毒性危害分级标准

96 LC_{50}（g/L）	<1.0	1.0~10.0	>10.0
毒性分级	高毒农药	中毒农药	低毒农药

表 2-4　污染物对鱼类急性毒性危害分级标准

96 LC_{50}（mg/L）	<1.0	1.0~100.0	100.0~1 000.0	1 000.0~10 000.0	>10 000.0
毒性分级	剧毒	高毒	中毒	低毒	微毒

表 2-5　新化学物质对鱼类急性毒性危害分级标准

96 LC_{50}（mg/L）	≤1.0	1.0~10.0	10.0~100.0	≥100.0
毒性分级	极高毒	高毒	中毒	低毒

（4）最小致死剂量或最小致死浓度　最小致死剂量或最小致死浓度（Minimal lethal concentration）表示为 LD_{01} 或 MLC，指一组受试实验动物中，仅引起个别动物死亡的最小剂量或浓度。

（5）最大耐受剂量或最大耐受浓度　最大耐受剂量或最大耐受浓度表示为 LD_0 或 LC_0，是指一组受试实验动物中，不引起动物死亡的最大剂量或浓度。

3. 作用剂量

（1）可见有害作用最低剂量（Lowest observed adverse effect level，LOAEL）　指在规定的暴露条件下，一种物质引起机体（人或实验动物）形态、功能、生长、发育或寿命可检测到的发生有害改变的最低剂量或浓度。LOAEL 通过实验和观察得到，应具有统计学意义和生物学意义。

（2）未见有害作用最高剂量（No observed adverse effect level，NOAEL）　指在规定的暴露条件下，一种物质不引起机体（人或实验动物）形态、功能、生长、发育或寿命可检测到的发生有害改变的最高剂量或浓度。机体（人或实验动物）的形态、功能、生长、发育或寿命改变可能检测到，但被判断为非损害作用。

（3）未见作用剂量（No observed effect level，NOEL）　指在规定的暴露条件下，与同一物种、品系的正常（对照）机体比较，一种物质不引起机体（人或实验动物）形态、功能、生长、发育或寿命可检测到的改变的最高剂量或浓度。在具体实验中，比NOAEL 高一档的实验剂量就是 LOAEL。应用不同物种品系的实验动物、接触时间、染毒方法和指标观察有害效应，可得出不同的LOAEL 和 NOAEL。

NOEL 并非等同于 NOAEL 或 LOAEL，因为 NOEL 表征的效应并非都是有害反应或效应（图 2-1）。

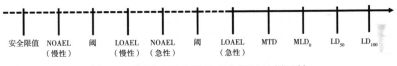

图 2-1　主要毒性参数及安全限量的剂量轴

4. 安全限值　安全限值是指为保护人群健康，对生活和生产环境以及各种介质（空气、水、食物、土壤等）中与人群身体健康有关的各种因素（物理、化学和生物）所规定的浓度和接触时间的限制性量值，在低于此种浓度和接触时间内，根据现有的知识，不会观察到任何直接和（或）间接的有害作用，即在低于此浓度和接触时间内，对个体或群体健康的风险可忽略。

安全限值可以是每日允许摄入量（Acceptable daily intake，ADI）、可耐受摄入量（Tolerable intake，TI）、参考剂量（Reference dose，RfD）、参考浓度（Reference concentration，RfC）和最高允许浓度

（Maximal allowable concentration，MAC）等。这些表征对象几乎一致，只是各个国际机构组织、区域间机构及不同国家采纳术语定义及方式略微不同。

（1）每日允许摄入量　为 FAO/WHO 所推荐，每日允许摄入量是以体重表达的每日允许摄入的剂量，以此度量终生摄入不可测量的健康风险（标准体重为 60kg）。

（2）可耐受摄入量　可耐受摄入量是由国际化学品安全规划署（International Program on Chemical Safety，IPCS）提出，是指有害健康的风险对一种物质终生摄入的允许剂量。取决于摄入途径，TI 可以用不同的单位来表达，如吸入可表示为空气中浓度（如 mg/m^3）。

（3）参考剂量或参考浓度　参考剂量和参考浓度是美国环境保护署（Environmental Protection Agency，EPA）对非致癌物质进行风险评价提出的概念，与 ADI 类似。参考剂量和参考浓度，是指日平均摄入剂量的估计值。人群（包括敏感亚群）终身暴露于该水平时，预期在一生中发生非致癌（或非致突变）性有害效应的风险很低，在实际上为不可检出。

（4）最高允许浓度　最高允许浓度指某一外源化学物可在环境中存在而不致对人体造成任何损害作用的浓度。我国在制订最高允许浓度时遵循"在保证健康的前提下，做到经济合理、技术可行"原则，因此与上述几种以保护健康为基础的安全限值有区别。最高允许浓度的概念对生活环境和生产环境都适用，但人类在生活与生产活动中的具体接触情况存在较大差异，同一外源化学物在生活环境中与生产环境中的最高允许浓度也不相同。

（5）阈限值　阈限值主要表示生产车间内空气中有害物的职业暴露限值，该值是职业人群在长期暴露于该危害中而不至于导致损害作用的浓度，但是不能排除在某种情况下，由于个体敏感性及其他可能性所造成的职业病。该值是美国工业卫生学家委员会（American Conference of Governmental Industrial Hygienists，ACGIH）推荐。

二、剂量-反应模型理论基础及构建

危害特征鉴定就是获取剂量-反应关系，也可叫作剂量-效应关系，剂量-反应描述了不同剂量条件下，群体对危害产生反应的百分数或百分率，而剂量-效应描述了不同剂量条件下，个体从低剂量到高剂量的累积性效应之和。所以，效应为量反应，而反应为质反应，二者统一为剂量-反应。

1. 剂量-反应关系理论基础

（1）剂量-反应关系构建前提　首先，观察到的反应应该完全来自目标污染物的作用，也就是说，直接的因果关系链只涉及一个变量，而实际上因果关系链往往有两个或两个以上的变量。其次，反应的数量维度直接与剂量维度相关。再次，正确观察与检测到的反应或效应，包括人类或动物对污染物的反应或效应是可能的。

（2）剂量-反应模型定义　剂量-反应数学模型主要由三要素组成，一是基于数据和暴露途径等一系列要素获得的最佳假想，二是模型数学方程式，三是方程式的参数。任何线性或非线性模型均可作为剂量-反应模型，只是该模型必须最确切体现剂量与反应效果之间的关系。最为简单的剂量-反应模型是线性模型，它反映了连续的剂量-反应过程。

（3）剂量-反应曲线类型　剂量-反应曲线的水平轴表示剂量，单位为 mg/（kg·d）或 mg/kg。通常采用剂量的对数值，这样剂量-反应图就从曲线型变成直线型。垂直轴表示不良反应或不良效应，单位为%或个体表征量反应的单位。曲线的类型主要包括：

对称曲线：当群体中所有个体对化学物敏感性差异呈现正态分布时，剂量-反应曲线呈现倒 U 形。对称 S 形曲线往往见于试验组数和每组动物数量均足够多时，这样的情况一般较少见。

非对称曲线：不对称 S 形曲线反映了化学物在加大剂量过程中，反应强度的改变呈偏正态分布。这可能由于剂量越大，生物体的改变越大且不呈现直线增加关系，且干扰因素增大的缘故，另外体内自稳定机制对反应的调整机制也呈现非对称 S 形。

2. 剂量-反应模型的建立　剂量反应模型的建立可分为 6 个步骤（表 2-6）。

表 2-6　剂量-反应模型建立基本步骤

步骤	说　明	要　点
（1）数据选择	基于模型选择适合构建剂量-反应、剂量效应关系的数据	靶器官效果指标、数量、样本量、有效性等
（2）模型选择	选择能拟合数据的几类模型，便于根据数据优中选优	靶器官效果指标、可用的数据及模型的效果
（3）统计分析	评价描述剂量-反应合适的统计描述	靶器官效果指标、数据类型、模型选择、剂量-反应模型所要达到预期效果、可用的软件
（4）参数设定	综合上述三个步骤，采用计算机拟合技术对模型进行反复筛选和拟合	使用软件和计算机
（5）剂量-反应模型的完成	采用已完成的模型方程式来对其他数据进行预测	结果输出模型预测，直接进行对其他数据的外推
（6）评价	运用实际检测数据与模型预测数据进行置信比较	模型比较并考虑模型不确定性

剂量-反应模型分为连续性剂量-反应模型和非连续性剂量-反应模型（表 2-7）。

表 2-7　连续性剂量-反应模型

模型名称	说　明
Michaelis-Menten 物质反应法	理论上的解释是基于酶或受体的活性，此时认为反应速率是结合率（k_a）及分裂率（k_d）的比值
希尔对数逻辑模型	Michaelis-Menten 方程的升级模型，该模型考虑了多暴露或多受体共同作用的情况，这与实际情况情况更为符合
一级指数模型	如果化学物与靶器官之间的反应不能忽略，则反应速率仅由结合率（k_a）决定
幂模型	—
线性模型	未考虑生物学理论假设，线性模型常常因为其简单的线性表达式而被采用，仅涉及一个参数

· 26 ·

剂量-反应模型数据需要调整，根据每组受试对象数据中减去均值获取，但是该方法不是基于一定严谨试验设计而进行，首先要对实际数据进行预测，然后估计剂量-反应（效应）可能出现的情况，设计最终模型。

3. 非连续性剂量-反应模型 非连续性变量也叫质变量或定性变量，非连续性剂量-反应模型（表 2-8）描述的是剂量与某类受试群体特殊反应频率之间的关系。

表 2-8　非连续性剂量-反应模型

模型名称	备 注
阶梯函数方程	没有可变性
一次打击模型	基于体细胞突变理论，假定靶细胞在一定时间内只要受到一次生物学有效剂量的打击后，即可经由恶性转化和克隆扩增而发生癌变
多次打击模型	假定靶细胞需要经过多次生物学有效剂量打击后才能诱发癌变
概率正态分布模型	基于正态分布或高斯分布基础的描述性模型
Logistic 模型	Logistic 统计模型是比较通用的模型
韦伯（Weilbull）模型	一种应用非常灵活的模型

因为受试对象之间存在变异性，所以非连续性剂量-反应模型数据非常分明地显示随着剂量呈现逐步递增的趋势。

三、阈值

1. 阈值定义 阈值（Threshold）指化学物质引起受试对象出现可指示最轻微的异常或改变时需要的最低剂量，也就是一种物质使机体（人或实验动物）刚开始发生反应的剂量或浓度。阈值又分为急性阈值及慢性阈值。

急性阈值为一次暴露所产生不良反应的剂量点，而慢性阈值是长期不断反复暴露所产生不良反应对应的剂量点。

一种化学物对每种反应都可有一个阈值，因此一种化学物可有多个阈值。对于某种反应，对不同的个体可有不同阈值，同一个体对某种反应的阈值也可随时间而改变。就目前科学发展现状，对于某些化学物和某些毒效应还不能证实存在阈剂量（如遗传毒性致癌物）。阈值并非实验所能确定，在进行风险评价时通常用 NOAEL 或 LOAEL 作为阈值的近似值。在利用 NOAEL 或 LOAEL 时，应说明测定的是什么效应、何种群体和其染毒途径。当所关心的效应被认为是有害效应时，就确定为 NOAEL 或 LOAEL。

2. 阈值与剂量-反应评价　在风险评价时，最常用到就是 MRLs 标准制定，但在标准制定过程中，最关心的不是一条曲线，而是一个剂量点，而该点是判定有害与无害之间的一个临界点，即 NOAEL 或 LOAEL。该点可通过剂量-反应模型获取或直接通过动物试验获取，然后通过该点来推导 MRLs。

阈值实际上具有两层不同的含义。第一，基于科学含义指在不良效应发生情况下的暴露水平，如有生理刺激，但未形成不良反应；第二，阈值代表一个水平，在该水平上没有不良反应，但这仅仅指在该水平下的反应极为不明显，以至不能被观察和监测到，如 NOAEL。在类似情况下，相对于实际结论而言，这更依赖于分析者或采纳分析方法的原则所界定的阈值。在第一层含义中阈值也许需要考虑剂量-反应模型，阈值剂量的引入将剂量-反应模型分为不同情况：一方面，在阈值以下，有效剂量为零；另一方面，在阈值以上，有效剂量是剂量-反应模型上剂量点减去阈值剂量。

阈值通常不能提高模型的拟合效果，而阈值的置信度一般非常大。有阈值与无阈值是从毒理学角度划分风险评价范畴的一个重要分界点。另外，对于有阈值化学物风险评价，不同机构赋予其不同剂量点表征方式。WHO 采用 ADI，WHO/IPCS 采用 TI，美国环境保护署采用 RfD 或 RfC，美国毒物与疾病登记署（Agency for Toxic Substances and Disease Registry，ATSDR）采用最小风险水平（Minimum risk level，MRL），加拿大卫生部采用日允许摄入量/浓度（Tolerable daily intake/concentration，TDI/TDC）。

3. 基于 BMD 与 NOAEL 获取 ADI 值的方法　传统方法是依靠

NOAEL 来获取 ADI，但其实可采用更为接近真实情况来模拟剂量-反应关系，利用统计学方法更有效应用有效剂量，最为广泛的是基准剂量（Benchmark dose，BMD）法。

以对水产品中甲基汞的风险评价为例。EPA 建立的甲基汞参考剂量以及 WHO 和 FAO 联合制定的甲基汞临时性周可承受摄入量（Provisional tolerable weekly intake，PTWI）是两个国际公认的甲基汞暴露定量衡量指标。表 2-9 列举了部分国家/地区建议的汞或甲基汞最大可承受摄入量。

表 2-9　部分国家/地区建议的汞或甲基汞最大可承受摄入量

国家/地区或组织	最大可承受摄入量
中国香港	参考 WHO 和 FAO 制定的甲基汞标准：每周 $1.6\mu g/kg$
欧盟	参考 WHO 和 FAO 制定的甲基汞标准：每周 $1.6\mu g/kg$
英国	参考 WHO 和 FAO 制定的甲基汞标准：每周 $1.6\mu g/kg$
美国	EPA 制定的 RfD：甲基汞每日 $0.1\mu g/kg$
WHO 和 FAO	WHO 和 FAO 联合制定的 PTWI：甲基汞每周 $1.6\mu g/kg$

四、无阈值与剂量-反应评价

无阈值是指在任何低暴露水平下，仍然存在不良反应，只要有剂量存在不良反应即发生。无阈值物质风险评价主要在低剂量长期暴露条件下发生。

在进行动物试验时，通常采用急性与亚急性毒性试验，因为试验动物样本量非常大，所以用在长期暴露条件下获取低剂量下无阈值物质不良反应是不可行的。一般采取模型合理假设、风险管理目标推理等方法对无阈值物质实施剂量-反应评价。

1. 完全禁止法　完全禁止法以零水平暴露作为评价暴露量的依据，要求对于该类物质实施完全禁止的做法，所谓"零使用"即"零风险"。虽然该措施消极，但对于对该类物质的信息几乎不能完全或部分掌握的情况下，该措施不失为一种对于高风险化学物质管理的最安全的管理方式。

2. 不确定系数法 该方法借鉴了有阈值化学物质制定安全限量的方法，由于针对的是致癌效应，UF 赋予 5 000，这最早赋予的不确定系数。由于 NOAEL 本身就存在极大缺陷，在剂量-反应评价中，不确定系数 UF 对于安全限量准确度的影响在各参数中是排在第一位的。所以，目前只有在认为该类物质对于人类无致癌效应，并且通过毒理研究，认为其剂量-效应关系不呈现线性关系时才能采用该方法。

3. 数学模型外推法 该方法是在真实剂量-反应关系难以从试验资料中确定的情况下，靠假设来确定在所要推测的低剂量范围内剂量-反应关系的曲线特征，并用数学关系将该特征表达。

4. VSD 法 外源化学物的一般毒性和致畸作用的剂量-反应关系是有阈值的（非零阈值），而遗传毒性致癌物和性细胞致突变物的剂量-反应关系是否存在阈值尚没有定论。通常认为是无阈值（零阈值）。一个有阈值的外源化学物在剂量低于实验确定的阈值时，没有危险度。对无阈值的外源化学物在零以上的任何剂量，都有某种程度的危险。对于致癌物和致突变物就不能利用安全限值的概念，只能引入实际安全剂量（Virtual safety dose，VSD）的概念。化学致癌物的 VSD，指低于此剂量能以 99％可信限的水平使癌症发生率低于 10^{-6}。

5. SAD 法 以化学致癌物为例，不可能做到农产品及食品中绝对没有，但可能限制到一定剂量。美国食品药品监督管理局（Food and Drug Administration，FDA）提出了社会可接受剂量（Socially acceptable dose，SAD）概念。采用动物致癌试验结果估算对人的致癌剂量，然后利用数学模型算出 10 万人中发生肿瘤的概率，称为可接受风险。

第四节 暴露评价

一、相关定义

1. 暴露 暴露指涉及的生物、化学等危害的数量或浓度及与处于风险中度量终点（如人体、环境或动物等）相互作用的时间及空间的函数关系。在决定什么是可耐受暴露水平时，同时还必须考虑适当可接受水平（Appropriate level of protection，ALOP）。

化学物通过空气、水、土壤及某种产品或其他某种媒介携带，并给人类带来危害，化学物剂量浓度便是暴露浓度。一个典型的暴露情况是，一定已知时间内、单一危害物在单一暴露途径下对单一对象构成危害。对于危害对象为一个群体、群体中部分人群或个体情况下，表征暴露程度的图会变成柱状图或曲线图，且通常会随着 X 轴数值增大，暴露人群或个体在轴上呈现随之增加的趋势。

2. 剂量 潜在剂量指被人体摄取、呼吸或通过皮肤接触到、未经过体内代谢的真实剂量，该剂量类似暴露评价设计实验中所采用的剂量浓度。潜在剂量比较容易通过直接测定的方式获取，而应用剂量、吸收剂量和靶器官剂量的获取是暴露评价难点，很少有现成资料可参考。

应用剂量指外源化学物与机体（如人、指示生物、生态系统）的接触剂量，可以是单次接触或某浓度下一定时间的持续接触。如皮肤接触、呼吸及消化道吸收过程，并非直接入口或经过皮肤接触后就直接作用于人体，还必须经过一定的作用途径和时间。

吸收剂量又称内剂量，是指外源化学物穿过一种或多种生物屏障，吸收进人体内的剂量。

靶器官剂量是指吸收后到达靶器官（如组织、细胞）的外源化学物和（或）其代谢产物的剂量，即生物有效剂量，是表征人体真正毒理效应的作用剂量。

3. 暴露评价 暴露评价是指采用一切方式（如数据模拟、问卷调查、实际取样调研等）最接近真实地获取危害剂量或浓度（在靶器官中或体内）与不良反应（一般以靶器官病变为征兆）之间的关系。暴露评价（表 2-10）是评价并鉴定评价终点的暴露情况。

表 2-10　暴露评价基本定义释义

项目	说　　明
危害	生物危害、化学危害、物理危害、单一危害、多重危害、多因素危害
危害来源	人类起源的/非人类起源的、区域性/局部性、不固定/固定、室内/户外
传播媒介	空气、水、土壤、垃圾、农产品等
暴露途径	吸入、皮肤接触、饮食及多途径同时兼有，如摄取被污染的食物，呼吸被污染的空气，触摸被污染的表面等
暴露浓度	mg/kg（农产品）、mg/L（水）、$\mu g/m^3$（空气）、$\mu g/m^2$（接触表面）
暴露时间	s、min、h、d、周、月、年、一生
暴露频率	连续、间断、循环、偶然、极少
暴露人群	普通人群、敏感人群及个体
暴露区域	实验室设计区域、地区、国家、国际、全球
时效性	过去、现在、将来及一直处于暴露状态

暴露评价的目的是确定评价终点接触待评价危害剂量分量或总量状况，并摸清接触特征等，为风险评价提供可靠的暴露数据或估计值。

暴露评价结果可以通过对农产品、产地环境、个体与群体直接或间接进行监测获取。一般风险评价基于某种化学危害，然后结合化学矩阵评价方法获得结论，但常常会忽略了这些条件产生的相互效应及颉颃作用而导致对危害过高或过低估计的结果。所以，应当基于危害在暴露过程中的机理来判定与这些物质的效应是单独效应还是累积性效应。

暴露评价不确定因素很多。不同个体差异，如同样一个暴露个体，其每日暴露也许会存在差异；不同人群差异，如不同人群在同一天中也会存在暴露的差异；暴露时间改变带来差异，如季节变化；地域差异，如暴露地区热带、寒带、亚热带之间存在差异性等。另外，还存在诸多不确定给暴露评价带来不准确模拟真实的情况，如缺乏足够的具有代表性数据不能构建完整的数学暴露模型，风险交流过程不通畅，对暴露评价的理解不一致；同时，达不成共识条件下实施暴露评价，同样也会影响暴露评价结论。因此，当前对于暴露评价并没有一个非常完善的方法可循。

在实行农产品质量安全风险评价过程中，暴露评价能提供大量信息和资料，尤其在制定最大残留限量标准（MRL）时显得更为重要。在进行剂量-反应评价过程中，有的资料和信息可通过共享来实现互动，如 ADI/TDI 一般可以通过国际机构或其他国家数据进行比较和借鉴获取，除流行病学调查数据获取不同地区人群或不同种族间种内差异进行系数修正及其他修正外，数据较为一致。所以，可通过暴露数据与已知 ADI/TDI 进行比较来获得某地区或国家农产品中某危害存在状况，并基于相关因素获取最大残留限量值。

4. 生物标志物 生物标志物反映的是度量终点与危害因素相互作用所引起的任何可测定的不良反应（效应）改变，包括生化、生理及遗传等多方面的改变，这些改变可发生在整体、器官、细胞或分子水平上。

生物标志物是阐明毒物接触与健康损害之间相互关系的重要工具，根据功能可划分为三大类：接触（暴露）标志物、效应标志物、敏感性标志物。但三者之间并无严格的界限，同一种标志物在一种情况下作为接触生物标志物，而在另一种情况下则可能作为效应生物标志物。接触（暴露）标志物是用来检测生物体暴露在污染物中而引发的某类生化反应，或该生化反应的产物。效应标志物是用来检测生物机体内某一内源性成分，该内源性成分反映了生物机体的功能变化。敏感性标志物用于指示个体之间机体对环境因素影响相关的响应差异，与个体免疫功能差异和靶器官有关。

生物标志物在水产品质量安全风险评价中具有广泛的应用。

（1）**乙酰胆碱酶** 乙酰胆碱酶（AChE）在神经冲动传递过程中通过催化乙酰胆碱水解为胆碱和乙酸传递突触信息，是胆碱神经系统最重要的功能酶之一。AChE 上拥有与有机磷、氨基甲酸酯类化合物的作用位点，当这两类化合物与 AChE 结合后，会造成酶催化部位的磷酰化与氨基甲酰化，使其对乙酰胆碱的乙酰化作用无法进行，从而破坏正常的神经传导过程。

AChE 是用于检测有机磷最敏感、最特异的生物标志物。通常认为，对乙酰胆碱酶活性抑制达到 20% 以上则证明暴露作用的存在，达到 50% 以上的活性抑制则表明对生物的生存有危害。以乙酰胆碱酶为生物标志物被广泛应用于检测鱼类、虾类有机磷农药暴露情况。

（2）腺苷三磷酸酶　腺苷三磷酸酶是细胞膜或细胞质内将腺苷三磷酸（ATP）催化分解为腺苷二磷酸（ADP）和无机磷酸，同时释放出能量的一类酶，简称 ATP 酶。ATP 酶作为贝类等水产品的生物标志物不仅能够用来指示水产品受 Pb、Ag、Cr 重金属污染的情况，还能用来指示工业废水的污染情况。

（3）谷胱甘肽硫转移酶　谷胱甘肽硫转移酶（GSTs）是生物体内一组多功能同工酶，其主要作用是催化某些内源性或外来有害物质的亲电基团与还原性谷胱甘肽反应，增加其疏水性，使其更容易通过细胞膜而排出体外，因此它在生物体受到化学危害物危害时起解毒和抗氧化的功能从而保护生物体。GSTs 可作为鱼、虾、蟹、贝等水产品对药物、可持续有机污染物（多氯联苯等）、重金属等污染物的生物标志物。

（4）抗氧化酶　水生动物为对抗环境系统中的各种因素的变化，如环境污染引起的过量活性氧（ROS）所造成的蛋白质变性、DNA 复制错误、生物膜损伤等危害，维持体内平衡而形成了一套完整的抗氧化防御体系。此体系分为非酶系统和酶系统，抗氧化酶则是此体系的重要组成部分。抗氧化酶能够被环境中的污染物诱导或抑制，从而成为检测环境污染物的生物标志物。抗氧化酶作用包括两个方面：①催化简单抗氧化剂，如谷胱甘肽还原酶（GR）、脱氢抗坏血酸还原酶（DHAR）和单脱氢抗坏血酸还原酶（MDHAR）；②与 ROS 相互作用，如超氧化物歧化酶（SOD）、过氧化氢酶（CAT）、非特异性过氧化物酶（POD）、抗坏血酸过氧化物酶（APX）等。

抗氧化酶作为生物标志物在评价汞、硒等重金属对蟹、贝等水产品的风险评价中得到广泛的应用。

（5）细胞色素 P450　细胞色素 P450 广泛存在于鱼类等水产品肝脏等组织中。由于与药物、持久性化学污染物之间存在着明显的剂量反应，鱼类细胞色素 P450 作为有机污染物的生物标志物被广泛地应用于检测水生生物暴露风险评价中，并取得了满意的结果。

（6）金属硫蛋白　金属硫蛋白（MT）是一类广泛存在于生物中的低分子质量可诱导型非酶蛋白，有重金属解毒以及自由基清除作用。当重金属进入机体内，引发 MT 表达，使得 MT 大量和重金属结合从而减少细胞与重金属的非特异性结合，达到保护生物体的目的。因此 MT 能够作为重金属污染的生物标志物用来检测重金属污染的程度。MT 作为鱼类、贝类等水产品中重金属生物标志物的研究已经成为相关领域的热点。

此外，热激蛋白 HSP70、卵黄原蛋白等生物标志物也是被广泛应用于水产品风险评价中。

二、暴露评价程序

暴露评价必须考虑三个方面因素：①暴露评价路线设计；②采样方案；③采用模型方案。在准确估计人群暴露或产地环境暴露于不同危害风险时，首先必须考虑三个重要的暴露要素，即暴露浓度、暴露时间及暴露频率。暴露评价的核心问题主要是解决这三个关键要素。

1. 暴露评价技术路线设计　设计暴露评价的技术路线对于在减少成本基础上，更准确获得上述三个方面因素非常重要（图 2-2）。

2. 暴露评价方法选择

（1）直接暴露评价　直接暴露评价包括暴露媒介与人体之间暴露物质的收集，如为实施定量暴露，采集受到危害侵害并作为靶器

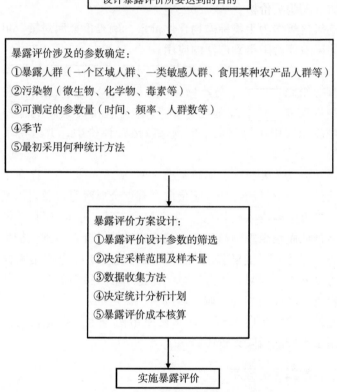

图 2-2　人体暴露评价要素框架

官的组织样本，或采集农产品、食品及水样等，通过这些样本直接或间接实施暴露评价。因此，直接暴露评价包括个人暴露监测及生物标志物暴露监测两方面。

个人暴露监测指采集暴露媒介与人体暴露表面分界处的样本物。个人暴露监测有多种途径，如果采样具有代表性，则该暴露地域的浓度及产生危害的来源就比较容易被评价和推断。个人暴露监测可通过其他中间媒介的样品采集获取相关信息，但该方法不会单独采用，因为调查还涉及方法设计、时间及成本耗费等诸多方面的问题。该方法仍因其容易操作、成本耗费相对较小等有利因素而被采纳。有时个人暴露监测数据不能采纳，如某些个体生活水平相对较高，可以购买价格更高、品质更优的水产品，并处于更为优越的生活条件下，该类人摄入的危害必定相对较小，其监控数据不具备代表性（表 2-11）。

表 2-11　个人监测步骤

暴露途径	暴露媒介	采样	组织器官样品
呼吸	气体	个人调查	呼吸气体、尿液
饮食	水	水龙头、排水口	血液
饮食	农产品	可食部分	粪便、奶
皮肤	土壤、农业投入品	表皮	表皮及其他

生物标志物暴露监测与其他监测标志物相比，特别是分子生物标志物在准确地评价早期及低水平的危害方面较好，生物标志物反映生物体系与环境因素之间相互作用所引起的任何可测定的改变，包括生化、生理、免疫及遗传等多方面的改变，这些改变可发生在整体、器官及细胞等水平上。生物标志物监测在进行暴露评价时，需要考虑人群暴露代表性、个体差异、易感因素与暴露因素的相互影响等。标志物应用有助于减少流行病学研究中的错误，更为精确测定剂量与反应效应之间的因果关系，反映个体机体差异性等。生物标志物作为监测标志物，能极大减少暴露评价过程的不确定度。

（2）非直接暴露评价　非直接暴露评价是指通过环境暴露、模型及调查问询的形式实施暴露评价。主要通过综合调查某固定区域内人口密度的方法实现，而该区域有相关环境污染与人体效应的相关数据及记录，如食源性污染数据结合膳食调查数据库或皮肤、口接触频率及时间的相关数据。尽管以上数据耗时且不确定性多，但是该方法对于实施个人健康监控调查而言仍然相对容易和简单。

3. 采样计划　采样计划规定了样本选择及运用的程序，不充分及不合理的采样计划通常会导致偏差、不可信或根本毫无意义的检测结果，好的计划能最大优化资源并确保得到有效数据。

采样计划应当确定规范的采样量及采样类型，以保证获得满意的数据目标水平（Data quality objectives，DQOs）。在建立一项采样计划时，应考虑的因素有研究目标、变异来源（如时间与空间差异性、分析及分析方法的差异性等）、采样相对强度、相对成本、时间及人员等限制因素。采样还应当考虑时间和空间上的重复性、样品的混合及单一样品的多重分析等因素。

（1）样本选择　每项试验及测定方法毋庸置疑都会给暴露评价带来不确定性，某些不确定性可采取定量方法加以说明。数据有效性对于不确定度形成的影响巨大，风险评价者及其他专家必须慎重选择数据。

暴露评价者建立数据的准则是，其建立的 DQOs 应包括：①对研究目标清晰地陈述，包括关键研究参数的估计、确定检验对象、研究的具体目标及这些结果将被如何运用；②研究目标的范围，包括最小样本量，通过该小样本可计算出相对独立的结果及数据将能代表的最大暴露评价范围（地区、时间及人群）；③所收集的数据、采样方法及分析方法的效用；④有效及无效结论及允许范围内可接受的可能性与不确定性；⑤归纳数据的统计学方法，包括任何有效标准、参考值、具有参考价值的数值及用于进行数学或统计学方法采纳的结果。

数据应通过调查与实验手段来同时获取。在选取采样点时应考虑的因素包括人群密度、历史采样记录等。样本收集的频率及时间取决于风险评价者进行急性暴露还是慢性暴露，如急性污染模式如何改变、化合物如何在农产品中富集等。所采集样品的类型及其理化特性通常能指示采样频率。采样频率也可能依赖于是急性暴露还是慢性暴露。急性暴露采样频率高，慢性暴露采样频率低。

（2）保证质量检测值　采样计划应确保样本未引入田间及实验室污染物。为满足分析条件的一致性，田间取样、实验室样本及空白样应同时分析。

在进行暴露评价过程中，任何与空白样没有显著差异数据的采用都必须慎重，所有数值都必须按照实际检测值记录报告，对空白样的检测结果，其解释及应用依赖于待分析物，且应当在采样分析计划手册中明确规定。

美国环境保护署的方案是：①对于挥发性与半挥发性物质，如二氯甲烷、丙酮等，除非检测值超过了空白样的 10 倍，否则即认为未检出。其他挥发性与半挥发性物质，规定检出量为空白样的 5 倍。②对于一般农药及多氯联苯（PCBs），除非检测值超过空白样的 5 倍，否则即认为未检出。如果农药与多氯联苯在空白样中发现，但在样品中未发现，则该检出值无效。③对于无机物，如果检测结果小于空白样的 5 倍，即认为未检出。

（3）背景基础值 背景基础值来自自然或人为因素，尤其在某些暴露评价涉及场所有很高的背景基础值。因此，实施暴露评价者应从调查点附近确定未受污染影响的区域，收集数据并确定背景基础值浓度。空白对照地区背景基础值相当于空白样结果，便于验证检测结果的准确性。

（4）质量保证与质量控制 质量保证与质量控制（QA & QC）保证了在一定置信区间内，产品满足质量标准。这里所指的 QA 强调了样本检测数据的有效性，其中 QA 包括了质量控制。

QA 与 DQO 同时建立，贯穿于整个检测过程中。每一个为暴露评价提供数据的实验室都应建立相应的 QA 计划，对于每一项研究也需建立详细的 QA 计划。计划书中 DQO，详细地描述待检测物、所有检测涉及的分析试剂、检测方法、分析步骤及项目实施者委任状。质量控制（QC）保证了一类产品或服务达到了满意、可靠及节约经济成本的目标。QC 项目应重点包括建立该实验室的良好实验室操作规范（Good laboratory practice，GLP）。

（5）历史数据的质量保证及质量控制 历史数据在某些时候，也能为暴露评价者所采用，且该类数据显得非常具有参考价值。但数据可能存在有效性及外推过程中不确定因素等考虑，历史数据必须经过合理验证。风险评价者应当考虑该类数据获取年代及其是否仍具有代表性。对历史数据的方法选择及验证准则应建立在对已知数据分析后，在数据评价过程中应同时考虑历史数据的样本采集方法、样品前处理及分析方法与实验室能力。

（6）选择及验证分析方法　在数据选择及验证过程中有如下重要的两个步骤：第一，评价者建立了方法要求；第二，审核当前方法是否适用于目前的情况。如必须建立新方法，则需要建立田间及实验室两种途径新方法，这些方法需经过检验，并可为多个 GLP 实验室重复。

4. 建立模型计划　评价中最关键的要素是对暴露点污染物浓度的评价，评价是结合监测、检测数据和数学模型的结果。在缺乏数据的情况下，过程通常依赖于数据模型的结果并借助了数学模型来解决问题，可极大节省实施监测计划所需的资金且获取数据时间较快。由于模型毕竟是模拟真实情况而采用的数学公式，不能非常完美模拟实际发生情况，且由于数据与方法存在的缺陷，所以在进行暴露评价时，数学模型只是非常好的工具，但不是唯一方法。

建立暴露评价模型程序包括制定研究目标、模型选择与设计、获得安装代码、校准和运行计算机模型及校验与验证等过程，在大多情况下，这方面要求与采样计划中 QA 和 QC 措施类似。

（1）制定模型研究目标　使用模型来估计暴露的首要步骤是清晰地确定暴露评价目标及模型如何辅助问题提出或评价路线假设。该目标包括的要点为模型评价的信息对象及该评价结论的运用。

（2）模型的选择与设计　描述统计方法是通过收集到的数据经过分析以获取数据关键信息，并从有限的代表性样本数据中获得大样本数据状况关键信息。单变量统计学方法可检验单一变量分布，多变量统计学方法可检验两个或两个以上变量之间的关系。数字公式描述及图示描述是常常采用的方法，包括柱状图、累积频数图、分位数柱图及点状分布图等。在暴露评价中，常常出现的统计学分布既有正态分布，也有高斯分布、对数正态分布、二项式分布与泊松分布。

对于暴露评价模型，化合物浓度、暴露时间数据必须加以评价。对于所有模型，建模者必须确定支持该暴露数据库能够获取、模型需要参数能够获得或能赋予合理缺省值。

（3）模型校准与运行 校准是一个调整所有选定模型参数的过程，直到模型预测值与田间观察及测定值在可接受置信范围内。对于所有模型，校准可反映模型是否代表空间变异性，哪些方程变量在模型中体现及实验室测定值与田间状态值外推过程的状况。在将实验室检测值外推到田间状态检测值时需要考虑很多要素，因为任何不确定因素都极可能导致实验室检测值与田间观察测定值之间存在差异。

（4）模型验证 模型验证是将模型拟合结果同真实值相比较。验证是一个独立过程，测试模型是否模拟并真实回顾了自然发生的重要过程。验证过程中，实施条件也许不同，但参数在经校准后，一般在验证中不再进行反复调试。

第五节 风险描述

风险描述是风险评价的最后环节，主要通过对上述几个环节的结论进行综合分析、判定、估算，获得评价对象对接触评价终点的风险概率，最后以明确的结论、标准的文件形式和被风险管理者理解的方式表述出来，最终为风险管理的部门和政府提供科学的决策依据。

阈值化学物风险描述：首先可通过动物实验获得 NOAEL 或 LOAEL 除以 UF 和校正因素（Modifying factors，MF）来获取人体安全限值 RfD 或 ADI（式 2-1）。其中，MF 主要是为更接近科学性所考虑的不确定性，如待测物对实验动物的效应是否与人类类似、目前资料是否充分证明等。当研究中的不确定因素可由 UF 估计时，则 MF 取 1，最大不会超过 10。

ADI 或 RfD ＝（$NOAEL$ 或 $LOAEL$）／（$UF \times MF$）（2-1）
式中：UF——不确定系数；

MF——校正系数。

然后采用估计暴露剂量（Estimated exposure dose，EED）、接触界限值（Margin of exposure，MOE）及风险商（Hazard quotient，HQ）来评价风险，见式（2-2）：

$$HQ = EED / (ADI \text{ 或 } RfD) \qquad (2\text{-}2)$$

式（2-2）中，当，$HQ>1$ 时，证明存在风险，比值越大，风险越大；当 $HQ<1$ 时，没有风险。

式（2-3）及式（2-4）中，当 $MOE>(UF \times MF)$ 时，没有风险；当 $MOE<(UF \times MF)$ 时，证明存在风险，比值越大，风险越大。将该安全限量定为 $(UF \times MF)=10000$。

$$MOE = (NOAEL \text{ 或 } LOAEL) / EED \qquad (2\text{-}3)$$

$$MOE = (UF \times MF) \times (ADI \text{ 或 } RfD) / EED \qquad (2\text{-}4)$$

此外，还可采用 EED 占 ADI 或 RfD 百分数来表示风险的大小，见式（2-5）：

$$R = [EED / (ADI \text{ 或 } RfD)] \times 100\% \qquad (2\text{-}5)$$

式中：R——风险概率。

第六节　水产品质量安全评价模型

评价模型是水产品质量安全评价的重要工具，是保证评价结果可信度的一个重要因素。目前，微生物生长模型、农药安全评价模型、重金属转化模型、暴露评价模型已经得到了良好的发展和广泛的应用。

一、微生物生长模型

微生物生长模型是通过一个或多个数学关系或方程式来表达出微生物的生长特性，从而预测出水产品中微生物的存活状况。概率模型是典型的经验模型，最初在水产品加工和贮藏中得到广泛应用，但该模型最明显的缺陷是不能明确表达微生物生长的实际情况。

根据模型中变量的不同，可分为初级模型（如 Gompertz 模型、Logistic 模型、Richards 模型、Standard 模型、Schnute 模型、Baranyi 模型等）、次级模型（如响应面方程、Arrhennius 方程、平方根方程等)、三级模型(专家模型,即在初级模型和次级模型的基础上引入用户友好界面的软件或计算不同环境下微生物行为的专门系统)。

目前很多微生物生长模型模拟的结果并非完全可靠,必须在全面掌握特定腐败菌生长特性的基础上,全面考虑水产品生产、加工、包装、流通、销售过程中环境参数对腐败菌的影响、菌群间的交互作用、波动条件等因素,并结合相应的算法和建模工具对模型进行改进。

二、美国环境保护局风险评价模型

美国环境保护局风险评价模型(US EPA 模型)采用"四步法"进行风险评价,即危害鉴别、剂量-效应关系评价、暴露评价和危险度特征分析。

US EPA 模型的健康风险评价方法主要分为 2 类:一类是以定量模型为主的健康风险评价方法,一类是以不确定性模型为主的健康风险评价方法。

三、五步排名模型

五步排名模型(CM 模型)采用 5 个步骤来进行风险评价。

第一步,将风险危害物进行分类;第二步,确定风险危害物的归属问题,由每种风险是一种因素还是多种因素引起的;第三步,针对这些风险危害物得出风险概述表,对各归属的特征进行描述,包括概述风险的危害物质、风险归属清单、每一种归属的特征描述(如低、中、高因素),还包括危害物质的风险迁移信息及技术信息参考文献等;第四步,根据这些描述进行综合考虑,实施风险排名,得出水产品质量安全问题的风险排名顺序;第五步,风险管理者对排名结果进行检验和评价。

四、电子数据表排名模型

电子数据表排名模型是以电子数据表这种软件形式将风险评价

理论具体化，将暴露可能性、危害含量、这种暴露水平和频率下可能引起的后果的可能性和严重性三者结合起来。针对收集到的从收获到消费的所有环节中的风险因素，用户选出定性描述或给出定量数据，再将定性输入电子数据表转化成数值，通过一系列运算后再与定量输入结合，得出公共健康风险的指标值。

针对澳大利亚疫情中牡蛎的病毒污染风险，根据危害的严重性、危险剂量、危害暴露概率 3 方面，提出危害严重性、易感性等 11 个问题，用户在电子数据表中选择定性的描述或输入定量的数据，将 11 个问题的结果输入计算机。软件经过自动化加权和计算，输出排名结果，得出澳大利亚牡蛎中病毒危害的风险排名是 52（表 2-12）。

表 2-12　澳大利亚疫情中牡蛎的病毒风险评价中的分值

风险排名评价 11 个问题	输入疫情结果适宜值
剂量和严重性	
(1) 危害严重性	中度危险—需医学治疗
(2) 易感性	普遍—所有人
暴露的可能性	
(3) 食用频率	几年一次
(4) 食用人口	很少（5%）
(5) 人口总规模	澳大利亚全境 1 950 万人
感染剂量的可能性	
(6) 污染率	其他（5%）
(7) 进程中的影响	没有影响
(8) 被再污染的可能性	无
(9) 事后控制	非相关
(10) 感染剂量与危害程度的增量关系	其他（69%）
(11) 膳食加工中的影响	没有减少危害的作用

五、基于风险交流视角的风险分级模型

基于风险视角的风险分级模型是采用风险矩阵法和层次分析法，通过构建包含风险危害性、可能性和消费敏感性 3 个系统层指标，急性毒性、慢性毒性、残留量、膳食比例、消费频率、关注程度和担忧程度 7 个指标层指标的水产品质量安全风险评价体系（表 2-13），并结合权重计算和一致性检验，建立的水产品质量安全风险分级模型。按照李克特量表法将各指标进行分级赋值，构建风险指数 R 函数，将整体风险分为 5 个等级，分别为低风险、较低风险、中等风险、较高风险和高风险，分值越高，风险越大。

表 2-13 水产品质量安全风险评价体系

目标层 A	系统层 B		指标层 C
A 水产品质量安全风险水平	B1 危害性	B11 农药残留	C1 急性毒性
		B12 兽药残留	C2 慢性毒性
		B13 微生物残留	
		B14 真菌毒素	
		B15 外源添加剂	C3 残留量
		B16 重金属及环境污染物	
		B17 寄生虫	
	B2 可能性	B21 鱼类	C4 膳食比例
		B22 虾类	C5 消费频率
		B23 蟹类	
		B24 贝类	
	B3 敏感性	B31 农药残留	C6 关注程度
		B32 兽药残留	C7 担忧程度
		B33 微生物残留	
		B34 真菌毒素	
		B35 外源添加剂	
		B36 重金属及环境污染物	
		B37 寄生虫	

第七节　水产品质量安全风险评价
不确定因素分析

水产品质量安全风险评价中不确定因素主要有三类：①由于信息不完整，不足以对危害进行特征描述及暴露评价等过程，主要造成评价方法本身不确定性；②由于数据与信息不完整或不充分等带来偏颇，主要造成参数设定不确定性；③由于风险评价技术本身要求的科学性与数学模型模拟结果的差异性，主要是模型不确定性。

一、不确定性的来源

1. 设计方法带来的不确定性　设计方法的不确定性主要反映了描述实际风险发生过程本身存在偏差，主要包括危害描述存在差异、分析方法出现错误、判断出现误差及不能全面考虑分析不确定因素等。

例如，上海市水产品中副溶血弧菌风险评价中检出率和浓度远低于我国其他地区或其他发展中国家的数据，上海的零售贝类中副溶血弧菌的检出率为 34.3%，我国其他地区食用甲壳类动物中副溶血弧菌阳性样本率近 50%，巴西圣保罗州地区牡蛎溶血弧菌的污染时几乎为 100%。其偏差原因可能是上海市评价样本采集自大型超市，其余样品来自其他零售中心，如农场、农贸市场或海鲜批发市场。采收的水产品从农场或农贸市场运输到城市大型超市时，通常会经过一系列工艺处理，如用水冲洗、防腐处理、冷藏或冷冻贮藏等，用来减少水产品种微生物的浓度，以达到延长保质期的目的。经过这些处理会降低水产品中副溶血弧菌的风险。

2. 参数带来不确定性　参数带来的不确定性主要包括了检测方法误差、采样误差、采用非同类样品检测的数据或其他替代推导而来的数据等。其中检测方法错误包括随机及系统误差，随机误差来自检测过程中的精确性问题，而系统误差则来自整个方法正确性问题。采样误差来自采集样本是否具备代表性，是否代表整个群体的特性，如实施某暴露评价而采用的数据来自为其他目的而进行暴露评价的数据。

3. 模型带来的不确定性　在实施风险评价过程中，危害特征描述及暴露评价过程采用数学模型对于有效解决数据不足等瓶颈起到了非常重要的作用，但依靠数学模型模拟数据毕竟不是真实测定值，因此模型本身也带来了一些不确定性。模型带来的不确定首先包括关联性误差及模型误差，其中关联性误差包括化学物理性质、结构活性关系及与环境或人体关系之间相关性误差。

二、风险评价中存在的几种不确定性

1. 基于 NOAEL 制定 ADI 的方法　在剂量-反应评价中，提到了基于 NOAEL 方法制定 ADI 存在不确定性，但目前该方法仍在使用。该方法存在一定的局限性：①NOAEL 是根据动物实验或人体实验等获取最大剂量，在剂量-反应模型中表现出来的仅仅是一个点，而忽略了该曲线的斜率。对 NOAEL 相同但剂量-反应曲线斜率不同的两种物质进行风险评价时，对于斜率大的物质应该更为严格；斜率大，该剂量点周围存在可变性更大，应该通过更为严格的实验证明该 NOAEL 点就是这个最大无作用剂量点。②NOAEL 是根据统计学检验与对照组无统计学差异而确定的数值，与样本量的大小有关。

最为科学的方法是采取基准剂量（Benchmark dose，BMD）的方法来代替采取有阈值物质 NOAEL 方法。该方法是将所有数据进行拟合，得到一条回归曲线，在相应效应点对应的剂量点处便是 BMD，并估计出剂量-反应曲线的可信区间。该方法与 NOAEL 方法相比最大优点是让所有数据通过拟合后的剂量-反应曲线发挥作用，同时也极大克服了单一剂量点的缺陷。

2. 危害的兴奋效应　剂量与危害效应构成一定关系，在营养素及必要微量元素等的风险评价中显得尤为明显，如碘缺乏症可导致佝偻病，但过量补充碘会造成不利影响。19 世纪 80 年代，德国学者 Schulz 采用酵母菌模型模拟抗生素效果时发现，低剂量抗生

素能够促进细菌生长，剂量增加到了一定程度才能抑制细菌的繁殖。但是该剂量由于非常微小，很难被发现，所以在很长一段时间里危害的兴奋效应在风险评价中不被考虑，甚至在当前也几乎不作为考虑对象。直到 20 世纪末期，美国的环境保护署才将低剂量的兴奋效应在评价农药对生物体的致癌性时进行了适当的考虑。表2-14 是具有兴奋效应的化学物及其占已报道案例的比例；从该表中可见，金属所具有的兴奋效应占有比例最高。

表 2-14　有兴奋效益的化学物

化学物	比例（%）
金属	29.6
杀虫剂	9.0
抗生素	7.9
除草剂	7.2
乙醇及其代谢产物	6.2
促生长剂	4.6
炔类化合物	4.2
杀菌剂	1.5
其他	29.8
总计	100

抗生素对养殖动物的促生长作用就是典型的危害兴奋效应。自20 世纪 70 年代起，抗生素以"亚治疗剂量"长期饲喂动物，能改善动物肠道结构、提高生长性能，用于提高养殖效率。但基于抗生素在饲料中添加的风险，2006 年欧盟率先全面停止使用抗生素类生长促进剂，随后多个国家相继跟进。2020 年 7 月 1 日起，我国已禁止饲料生产企业生产含有促生长类药物饲料添加剂（中药类除外）的商品饲料。

3. 忽略对不同人群的考虑　基因遗传方面、营养吸收方面及代谢功能方面出现缺陷或特异性的人群较一般人而言对化学物质比较敏感，但制定最大残留限量时通常并没有考虑到这些特殊人群的需要。

对农业投入品的不同剂量，不同人群有着不同敏感度，而且这些还与年龄、性别、对不同物质基因应答、种族及宗教信仰、社会地位、地理位置及生活状况等许多因素相关，剂量-反应模型只能根据不同情况进行不同分析，但总会找出规律性，因为不可能所有人群对任何暴露都会产生过敏性反应。表 2-15 为高危及敏感人群表。

表 2-15   高危及敏感人群表

人　群	对暴露情况的反应
孕妇	导致生育缺陷，对婴儿不利
婴儿及幼儿	大脑发育未完整，对神经毒素的抵抗力差
对 α1 抗结核缺陷人群	缺乏某种酶，保护机体不受化学危害的机能缺乏
谷胱甘肽-S-转移酶缺陷人群	对某些致癌物及化学危害的解毒与降解机能下降
贫困人群	营养状况及卫生条件差，带来身体抵抗力不佳
乙肝病毒携带者	肝脏对毒物过敏，表现为解毒机能下降
老人	肝脏及肾脏的解毒机能下降

4. 蓄积性多途径危害暴露的考虑　传统风险评价建立在危害暴露这一个独立事件基础上，仅仅与某特定途径有关，忽略了多种化学物联合颉颃作用，仅考虑了已确定的参数不确定度，如采样方案、变异、资料采集等等。

目前引入了蓄积性风险评价及积累性风险评价两种方法。前者考虑了多途径接触某化学物在生物界交换的界面状况与生物性重要受体发生代谢过程相互作用的状况及多途径接触某物质所产生不良效应的可能性。后者考虑了单一途径接触多种化学物所产生的不良效应的可能性，这两种方法使风险评价向更接近实际迈出了一大步。

第三章　全球主要国家/地区水产品质量安全评价体系

第一节　全球主要国家/地区水产品质量安全评价制度的分类

一、水产品质量安全管理制度

目前，水产品质量安全管理的模式主要有三种：多部门管理制度模式、单一部门管理制度模式和统一管理制度模式。

1. 多部门管理制度模式　多部门管理制度模式是几个部门，遵循某种规则，采取某种机制共同负责（水产）农产品（食品）安全的一种管理制度模式。多部门管理模式最典型的是农产品（食品）安全事务分别由卫生、农业、质检和其他部门共同负责。该模式优点在于监管职能相对明晰，便于各部门在职能范围内行使职责。目前采取该模式的国家主要有中国和美国。

2. 单一部门管理制度模式　单一部门管理制度模式是将水产品（食品）安全职能划归一个部门来进行统一管理的水产品（食品）安全监管模式。该模式主要将所有与保护公众健康和饮食安全的职能由一个部门来具体负责，在部门内部再进行明确分工。目前实行该模式的国家有德国。

3. 统一管理制度模式　统一管理制度模式是基于"从农田到餐桌"的监管过程高效合作及协调保障的水产品安全监管模式。统一管理制度模式涉及几个层面：①风险评价及标准制修订方面的职能；②安全政策制定、风险管理与风险预警；③安全残留监控计划执行和数据监测，实验室建设、比对和能力提升等；④教育培训、国际合作和风险交流等。当前有的国家已开始将本国农产品（食品）安全管理模式向此模式调整，加拿大正在向该模式推进和转变的过程中。

二、水产品质量安全评价制度

针对水产品的质量安全评价制度模式可分为三种：风险评价与管理职能统一制度模式、风险评价和技术优势统一制度模式、风险评价独立实施制度模式。

1. 风险评价和管理职能统一制度模式 即谁承担风险管理，谁承担或委托相关方承担风险评价，风险评价顺应风险管理职能，并与风险管理要求严格统一。该模式主要遵循了"风险评价为风险管理服务"的原则。如我国对水产品安全评价的模式是"分段管理"模式，不同部门在不同环节有较明确和清晰的监管职责，因此我国对于水产品的风险评价制度模式采用了风险评价和管理职能统一制度模式。

以水产品为例，农业部门负责水产品源头生产过程中相关危害的风险评价，而卫生与计划生育委员会会同国家食品药品监督管理总局联合负责水产品加工、流通或餐饮消费环节的风险评价。

2. 风险评价和技术优势统一制度模式 即谁具有实施风险评价最强的技术优势，谁承担或委托其他方承担风险评价，风险评价与技术优势统一。该模式遵循了"风险评价的成功实施需要方法和数据支撑"的原则。如美国采用了风险评价和技术优势统一模式，这是由于历史原因所导致，技术力量、人力资源和数据掌控能力的综合水平优势决定或左右了风险评价的具体实施方。

3. 风险评价独立实施制度模式 即单独成立一个机构独立承担或委托其他方承担所有风险评价，并向所有部门提供风险管理政策措施和建议。该模式主要遵循了"风险评价是科学行为，应当与风险管理功能分离"的原则。如日本和德国分别单独成立食品安全委员会、联邦风险评价研究所（BfR）承担所有风险评价研究和相关工作，最终独立提出风险评价结论，为所有风险管理部门服务，且此机构享有至高无上的权威性、独立性。

第二节　风险评价和管理职能统一制度模式—— 中国的水产品质量安全评价体系

一、基本背景

中国政府历来十分重视水产品质量安全。我国水产品质量安全评价的发展历程分为：①计划经济时期、转轨时期和市场经济时期的制度安排（1993—2002 年），②分段评价为主、品种评价为辅的制度安排阶段（2003—2008 年），③统一协调与分段评价相结合的制度安排阶段（2009 年至今）。

我国政府 2004 年出台了《关于进一步加强食品安全工作的决定》（国发〔2004〕23 号），明确了对水产品质量安全评价的分段管理模式。《机构改革和职能转变方案》（2013 年）提出将国务院食品安全委员会办公室的职责、国家食品药品监督管理局的职责、国家质量监督检验检疫总局的生产环节食品安全监督管理职责、国家工商行政管理总局的流通环节食品安全监督管理职责整合，组建国家食品药品监督管理总局；主要职责是：对生产、流通、消费环节的食品安全和药品的安全性、有效性实施统一监督管理等；将工商行政管理、质量技术监督部门相应的食品安全监督管理队伍和检验检测机构划转食品药品监督管理部门，新组建的国家卫生和计划生育委员会负责食品安全风险评价和食品安全标准制定；农业部负责农产品质量安全监督管理。对于水产品而言，农业部负责水产品生产环节质量安全评价。

二、法律基础

1. 与水产品质量安全评价相关的法律　我国针对水产品在内的质量安全相关法律主要包括《中华人民共和国消费者权益保护法》《中华人民共和国农产品质量安全法》《中华人民共和国食品安全法》《中华人民共和国进出口商品检验法》《中华人民共和国进出境动植物检疫法》《中华人民共和国国境卫生检疫法》《中华人民共

和国动物防疫法》《中华人民共和国产品质量法》《中华人民共和国标准化法》等。

与水产品质量安全风险评价相关的法律主要有 2 部，《中华人民共和国农产品质量安全法》和《中华人民共和国食品安全法》。同时，与《中华人民共和国农产品质量安全法》配套并涉及风险评价的法规有《农产品质量安全监测管理办法》等；与《中华人民共和国食品安全法》配套并涉及风险评价的法规有《食品安全风险监测管理规定（试行）》和《食品风险评价管理规定（试行）》等。

（1）《中华人民共和国农产品质量安全法》和《农产品质量安全监测管理办法》

《中华人民共和国农产品质量安全法》：于 2006 年 11 月 1 日正式实施，该法共八章五十六条。法律中史无前例地在两处提到了风险评价，其中第六条规定：国务院农业行政主管部门应当设立由有关方面专家组成的农产品质量安全风险评价专家委员会，对可能影响农产品质量安全的潜在危害进行风险分析和评价。国务院农业行政主管部门应当根据农产品质量安全风险评价结果采取相应的管理措施，并将农产品质量安全风险评价结果及时通报国务院有关部门。第十二条规定：制定农产品质量安全标准应当充分考虑农产品质量安全风险评价结果……

《农产品质量安全监测管理办法》：于 2012 年正式发布实施。该法规共五章四十一条，第三条规定农产品质量安全监测，包括农产品质量安全风险监测和农产品质量安全监督抽查。

（2）《中华人民共和国食品安全法》 2009 年 2 月 28 日《中华人民共和国食品安全法》正式通过并实施。《中华人民共和国食品安全法》共十章，第二章单独就"食品安全风险监测和评价"做出专门说明和详细规定，比较清晰地描绘了我国食品安全风险评价制度的总体框架。法律第二十三条规定：制定食品安全国家标准，应当依据食品安全风险评价结果并充分考虑食用农产品质量安全风险评价结果。同时，第二条规定：供食用的源于农业的初级产品（以下称"食用农产品"）的质量安全管理，遵守《中华人民共和国农产品质量安全法》的规定。

为推进《中华人民共和国食品安全法》第二章中关于风险评价和监测相关规定的具体落实，《食品安全风险评价管理规定（试行）》和《食品安全风险监测管理规定（试行）》于 2010 年 1 月发布。《食品安全风险评价管理规定（试行）》共二十一条，《食品安全风险监测管理规定（试行）》共四章十八条。两项规定分别就食品安全风险评价和风险监测的技术与管理的责任主体、运作机制等方面做了详细规定。

2. 法律推动风险评价的解析

（1）《中华人民共和国农产品质量安全法》和《农产品质量安全监测办法》首次确立风险评价的地位和作用　中国食品安全立法史上首次出现风险评价定义的法律是《中华人民共和国农产品质量安全法》，法律明确农业行政主管部门应成立国家农产品质量安全风险评价专家委员会，开展相关风险评价工作，且标准制定和农产品质量安全管理应以风险评价为基础。这是农产品质量安全管理史上开天辟地的一次革新。该法肯定了两方面内容：①明确要设置专门机构来推进风险评价研究和工作；②肯定了风险评价为管理职能中的标准制定服务。

虽然法律肯定了风险评价的地位，但如何架构风险评价制度没有给出建设方向和具体框架。这与当时法律提出的时代背景、法律定位、技术发展状况、安全监管体制和运作机制不明朗等有关，造成风险评价从法律认可层面到具体操作层面难以一步到位。

《农产品质量安全监测管理办法》落实或部分落实了《中华人民共和国农产品质量安全法》中的两个问题：一是第六条规定的农业行政主管部门开展风险评价相关工作；二是第十二条规定的制定农产品质量安全标准应当充分考虑农产品质量安全风险评价结果。

（2）《中华人民共和国食品安全法》《食品安全风险监测管理规定（试行）》和《食品安全风险评价管理规定（试行）》勾勒食品安全风险评价制度框架　《中华人民共和国食品安全法》以及与该法配套的《食品安全风险监测管理规定（试行）》和《食品安全风险

评价管理规定（试行）》确立了食品安全风险评价的基本制度，包括法律规定国务院授权的部门会同国务院其他有关部门聘请卫生、农业等方面的技术专家，组成食品安全风险评价专家委员会，对食品中生物性、化学性和物理性危害进行风险评价。

《中华人民共和国食品安全法》在总则中特别强调：供食用的源于农业的初级产品（以下称"食用农产品"）的质量安全管理，遵守《中华人民共和国农产品质量安全法》的规定。并在第十三条中规定：……对农药、肥料、生长调节剂、兽药、饲料和饲料添加剂等的安全性评价，应当有食品安全风险评价专家委员会的专家参加。第二十三条中规定：制定食品安全国家标准，应当依据食品安全风险评价结果并充分考虑食用农产品质量安全风险评价结果……这意味着，一方面，我国风险评价包括食品安全风险评价和农产品质量安全风险评价；另一方面，农产品质量安全风险评价在不违背《中华人民共和国食品安全法》原则的基础上，具体应当遵守《中华人民共和国农产品质量安全法》相关规定。

三、机构职能

我国与食品安全监管链条相关的部门主要包括农业农村部、卫生与计划生育委员会、国家食品药品监督管理总局和环境保护部等。卫生与计划生育委员会是具体承担食品安全风险评价的行为主体，同时还会同国家食品药品监督管理总局共同具体承担食品安全风险监测，农业行政主管部门则是具体承担农产品质量安全风险评价和风险监测的行为主体。

1. 国务院食品安全委员会 国家层面上的国务院食品安全委员会是食品安全工作的高层次议事协调机构，属于国务院主管，其工作职责由国务院规定。委员会职责主要是分析食品安全形势，研究部署、统筹指导食品安全工作；提出食品安全监管的重大政策措施；督促落实食品安全监管责任等。国务院下设国务院食品安全委员会办公室，具体承担委员会日常运作。

2. 农业农村部 农业农村部几乎所有的业务司局都与农产品

质量安全工作相关，主要包括农产品质量安全监管司、渔业渔政管理局、科技教育司等。

（1）职能部门

①农产品质量安全监管司　主要职能包括组织开展农产品质量安全风险评价，制定农业行业标准，组织农产品质量安全监测，负责农产品质量安全状况预警分析和信息发布，指导农业检验检测体系建设等。

②其他业务司局，包括畜牧兽医局、渔业渔政局等。其中兽医局主要负责兽药、兽医医疗器械监督管理和进出口管理工作；负责制定、发布兽药国家标准、兽药残留限量标准和残留检测标准，并组织实施等。渔业渔政局主要负责水产养殖中的兽药使用、兽药残留检测和监督管理等。

（2）技术支撑部门

①农业农村部农产品质量标准研究中心　农业农村部农产品质量标准研究中心主要承担农产品质量安全风险评价年度计划和重大发展战略规划的编制和起草；从事风险评价技术、预警和快速应急反应机制等相关方面的支撑性研究；具体组织开展农产品质量安全风险评价工作；实施农产品质量安全监测信息的管理、汇总和评价分析等。

②国家农产品质量安全风险评价专家委员会　按照《中华人民共和国农产品质量安全法》的要求，国家农产品质量安全风险评价专家委员会主要职责是研究提出国家农产品质量安全风险评价政策建议；研究提出国家农产品质量安全风险评价规划和计划建议；组织制定农产品质量安全风险评价准则、指南等规范性技术文件；组织开展农产品质量安全风险评价工作，并向农业农村部提供风险评价报告；组织开展国内外农产品质量安全风险评价交流与合作等。

③农业农村部农产品质量安全专家组　农业农村部农产品质量安全专家组主要职责是：a）研究提出推进农产品质量安全监管的政策措施建议，组织开展农产品质量安全相关问题跟踪研究，及时提供相关研究报告；b）密切关注分工领域农产品质量安全动态，科学分析和研判相关领域农产品质量安全状况技术咨询、决策参

谋、热点解读、科普宣传等工作，及时提供相关应对措施和办法建议；c) 组织开展农产品质量安全科学研究和技术推广，普及和传播农产品质量安全知识，撰写和提供农产品质量安全科普性文章或文献；d) 跟踪和研究农产品质量安全热点问题，适时回应和引导分工领域农产品质量安全的社会关切；e) 承担农业农村部农产品质量安全监管相关领域专题任务，开展农产品质量安全国际交流与合作，提供农产品质量安全公众咨询和服务等。

3. 卫生与计划生育委员会 相比原卫生部，卫生与计划生育委员会风险评价工作得到进一步强化和明确。其风险评价职能主要对口司局是食品安全综合协调与卫生监督局，与农业农村部农产品质量安全监管司在风险评价职能上相对接。

（1）职能部门 食品安全综合协调与卫生监督局承担的主要职能为组织拟订食品安全标准；组织查处食品安全重大事故工作；组织开展食品安全监测、风险评价和预警工作；拟订食品安全检验机构资质认定的条件和检验规范；承担重大食品安全信息发布工作；指导规范卫生行政执法工作；按照职责分工，负责职业卫生、放射卫生、环境卫生和学校卫生的监督管理；负责公共场所、饮用水等的卫生监督管理；负责传染病防治监督；整顿和规范医疗服务市场，组织查处违法行为；督办重大卫生违法案件等。

（2）技术支撑部门

①国家食品安全风险评价专家委员会 国家食品安全风险评价专家委员会由 42 名来自医学、农业、食品、营养等各领域的专家组成，具体承担国家食品安全风险评价工作，参与制定与食品安全风险评价相关的监测和评价计划，拟定国家食品安全风险评价技术规则，解释食品安全风险评价结果，开展风险评价交流，以及承担卫生与计划生育委员会委托的其他风险评价相关任务。

②中国疾病预防控制中心食品营养与安全研究所 中国疾病预防控制中心食品营养与安全研究所主要职责包括：对食品中的各种健康影响因素（营养素、安全性及功能等）进行全面、系统、科学的分析，提出综合评价意见；在全国范围内开展食源性疾病及食品

污染物监测及预警研究，创建并完善食源性疾病及食品污染物监测体系，为食源性疾病的预防及食品污染事故的控制提供技术支持；建立、健全食物营养成分、国民营养与健康状况监测体系，开展营养相关疾病（营养缺乏病及营养相关慢性病）监测及控制工作；组织和承担制修订国家各类营养、食品卫生标准、检验方法及相关技术规范等。

4. 国家食品药品监督管理总局　国家食品药品监督管理总局负责起草食品（含食品添加剂、保健食品）安全监督管理法律法规，推动建立落实食品安全企业主体责任，建立食品重大信息直报制度，并组织实施和监督检查，防范区域性、系统性食品安全风险；负责建立食品安全隐患排查治理机制，制定全国食品安全检查年度计划、重大整顿治理方案并组织落实；负责建立食品安全信息统一公布制度，公布重大食品安全信息；参与制定食品安全风险监测计划、食品安全标准，根据食品安全风险监测计划开展食品安全风险监测工作；负责制定食品监督管理稽查制度并组织实施，组织查处重大违法行为，建立问题产品召回和处理制度并监督实施；负责食品安全事故应急体系建立，组织和指导食品安全事故应急处置和调查处理工作，监督事故查处落实情况；负责制定食品科技发展规划并组织实施，推进食品安全检验检测体系、电子监督追溯体系和信息化建设；负责食品安全宣传、培训、国际交流与合作，推进诚信体系建设；负责食品安全监督管理和综合协调，推动健全的协调联动机制，督促检查省级人民政府履责。

5. 国家食品安全风险评价中心　国家食品安全风险评价中心是国家食品安全风险评价专家委员会秘书处、食品安全国家标准审评委员会秘书处挂靠处，中心下设风险评价、风险监测、风险交流、风险预警、参比实验室以及数据信息中心等部门。职能包括：开展食品安全风险评价基础工作，并向卫生与计划生育委员会提交风险评价结果并予以发布，其中重大食品安全风险评价结果，提交理事会审议后，报国家食品安全风险评价专家委员会；承担风险监测相关技术工作，参与研究和提出监测计划，并汇总分析监测信息；研究分析食品安全风险趋势和规律，向有关部门提出风险预警建议；开展食品安全知识宣贯，做好与媒体和公众的沟通和交流；开展食品安全风险监测、评价和预警工作，组织开展全国食品安全风险监测、评价和预警相关培训工作。

四、质量安全评价运行机制

我国食品安全风险评价和食用农产品质量安全风险评价共存的工作框架和格局已完全建立（基本框架见图 3-1），即农业行政主管部门负责农产品质量安全风险评价和风险监测，卫生与计划生育委员会独立实施食品安全风险评价，会同国家食品药品监督管理总局联合开展风险监测工作。

挂靠于国家食品药品监督管理总局的国家食品安全委员会办公室同属正部级，管理层面具体协调我国"从农田到餐桌"供应链食品和食用农产品质量安全管理和预警事务。国家食品安全风险评价中心是卫生与计划生育委员会具体执行风险评价的技术支撑机构，同时也在技术层面起到沟通食品和食用农产品质量安全风险评价相关事务的职能。

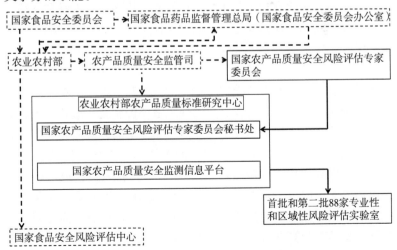

图 3-1 我国水产品质量安全评价运行机制

2019 年 12 月 27 日，农业农村部宣布在全国试行包括水产品之内的食用农产品合格证制度。食用农产品合格证制度是农产品种植、养殖生产者在自我管理、自控自检的基础上，自我承诺农产品安全合格上市的一种新型农产品质量安全治理制度。农产品种植、养殖生产者在交易时主动出具合格证，实现农产品合格上市、带证销售。通过合格证制度，可以把生产主体管理、种养过程管控、农药兽药残留自检、产品带证上市、问题产品溯源等措施集成起来，强化生产者主体责任，提升农产品质量安全治理能力，更加有效地保障质量安全。

第三节 风险评价和技术优势统一制度模式——美国的水产品质量安全评价体系

一、基本背景

风险评价和技术优势统一制度模式服务于"风险评价需要技术和数据支撑"的根本原则，其典型特征是承担风险评价的机构与其能力匹配和对应。风险评价任务通常委托给技术实力相对雄厚或资源相对丰富的风险评价部门承担。该模式也更多是在继承和延续旧的农产品（食品）质量安全监管制度条件下，新旧交替时期历史选择的结果。该模式的典型代表是美国。

美国具有典型的"产品分类管理为主，辅助分段管理为辅"的农产品（食品）质量安全监管体系，管理机构包括农业部、卫生部、环境保护署等多家机构。为实现风险评价制度与监管体系的兼容，美国建立了直接对总统负责并由食品安全相关机构共同参与的食品安全工作领导小组，以协调和制衡各部门工作。1997 年，克林顿政府发起"食品安全运动"，要求所有具有风险管理责任的联邦机构建立风险评价联合体。1998 年，克林顿总统发布成立"总统食品安全委员会"的行政命令，该委员会由农业部、商务部、卫生部、管理与预算办公室、环境保护署、科学与技术政策办公室等有关职能部门负责人组成，主席由农业部部长、卫生部部长、科学与技术政策办公室主任轮流担任，目的也在于建立基于风险的食品安全监管体系。2010 年 7 月发布的奥巴马政府《食品安全工作小组进展报告》表明，该小组实施的三大战略中有两大战略与风险评价息息相关，即"针对食源性病原微生物疾病的预防措施"战略和"提高食品安全应急能力"战略。

二、法律基础

从 1906 年美国第一部与食品有关的法规《联邦食品和药品法》颁布以来，美国政府共制定和修订了 35 部与农产品（食品）质量安全相关的法规，其中综合法令主要有《联邦食品、药品和化妆品法》（FFDCA）、《联邦肉类检验法》（FMIA）、《禽类产品检验法》（PPIA）、《蛋产品检验法》（EPIA）、《食品质量保护法》（FQPA）和《公共健康服务法》（PHSA）等。其中《联邦食品、药品和化妆品法》是美国关于食品、药品和化妆品的基本法。从与风险评价制度的相关性而言，最重要的法规有《联邦食品、药品和化妆品法》《德莱尼条款》《食品质量保护法》《联邦杀虫剂、杀真菌剂和灭鼠剂法》。

1. 与农产品质量安全风险评价制度相关的法律简介

（1）《联邦食品、药品和化妆品法》　1938 年通过的《联邦食品、药品和化妆品法》包括简称和定义、禁令和处罚、食品、药品和器具、化妆品、监管、进出口等内容，是美国食品质量安全法律的核心。该法主要授权给 FDA，明确了 FDA 与其他部门合作监管的范围和职责。法律规定 FDA 和美国农业部（USDA）共同负责监管和监控未加工和加工食品中的农药残留水平，其中 FDA 负责水果、蔬菜和海产品中农药残留的监控，USDA 负责肉、奶、禽、蛋和水产品农药残留的监控。

（2）《德莱尼条款》《联邦杀虫剂、杀真菌剂和灭鼠剂法》和《食品质量保护法》　将这三个法律法规和条款归置在一起可看出美国对风险概念的认识和价值观判定，以及通过"农药登记"对化学污染物（尤其是杀虫剂）管理理念上的微妙转变及其延续性。

《德莱尼条款》由詹姆斯·德莱尼于 1958 年提出，主要内容是"如人体或动物摄入某添加剂后致癌，或经检测后评价发现该添加剂对人体或动物致癌，就认为其不安全"。

《联邦杀虫剂、杀真菌剂和灭鼠剂法》由国会于 1947 年通过，与《联邦食品、药品和化妆品法》联合赋予国家环境保护署（EPA）对特定作物杀虫剂的审批权，并要求 EPA 制定农产品（食品）中杀虫剂最高残留限量，以确保人类在相关操作和食用农产品过程中的安全性。

《食品质量保护法》由国会于 1996 年通过，全法包括 5 章，具体涉及登记审查、使用者和技术员的培训、小范围使用的农作物保护剂、抗菌剂登记制度改革及公共健康等，旨在实施保护婴幼儿健康的数据收集及其他措施，对《联邦食品、药品和化妆品法》的修改，以及经费等方面。该法对应用于所有食品的全部杀虫剂制定了一个单一的、以健康为基础的标准，为婴儿和儿童提供了特殊保护，对安全性提高的杀虫剂进行快速批准，要求定期对杀虫剂的注册和容许量进行重新评价。

2. 法律对推动农产品质量安全风险评价制度的解析

（1）《联邦食品、药品和化妆品法》是美国风险评价制度立法的根基和源泉 《联邦食品、药品和化妆品法》是美国农产品（食品）质量安全的根本大法。其中关于对农药残留标准及其豁免中提到"……除非该食品中农药残留符合本部分规定，且含量在允许范围内……"

在关于使用农药条件的规定中说明"使用的农药对消费者健康不会产生危害，为规避重大粮食危机和食品供应短缺，有必要使用农药"，即认定农药允许在农产品中有一定残留。同时，相关条款对风险规定作出如下描述"限量标准确保非阈值效应每年引起的风险不会超过安全水平规定的 10 倍；限量标准确保残留总量下的非阈值效应引起的终生风险不超过安全水平规定的 2 倍"。另外，还规定了"针对婴幼儿需要增加额外 10 倍的保护系数"等。上述规定都是将风险评价理念和技术贯彻入法律的具体体现。因此，称

《联邦食品、药品和化妆品法》为美国风险评价制度立法的根基和源泉。

（2）《食品质量保护法》以农药风险评价为主线推动了风险评价制度的深入发展　《食品质量保护法》旨在保障农产品安全、保护儿童权益和解决法律体系的不一致性，不但是缓解了公众越来越强烈的呼声所带来的政治压力，还适时满足了美国针对国内膳食和非膳食途径摄入农药残留对人体健康风险进行全面摸底的迫切需求。风险评价这一应用于商业范畴的技术模式推广到农产品安全领域被誉为农产品安全管理的第三次浪潮，风险评价技术渗透到《食品质量保护法》的方方面面，成为该法相关要求得以科学体现和贯彻实施最主要的技术支撑。

《食品质量保护法》由美国环境保护署执行，其主旨是就美国在几十年内形成的农药和食品安全相关法律体系进行科学定位、清理和系统规范，提出要通过风险评价技术解决三个方面的问题：①确定无毒或低毒取代高毒、高残留且能应用到相应农产品和食品中的新农药，并制定其相应残留允许限量标准；②在10年内，对现存已有的残留限量标准进行清理和再评价，确定新的、科学的残留允许限量标准；③解决国内标准与国际标准的接轨问题。该法进一步明确了风险评价支撑农药安全管理的制度理念，确定了农药领域风险评价技术的应用方向，为风险评价技术手段与风险管理有机结合和深化发展提供了动力和保障。

三、机构职能

目前美国农产品（食品）运行机构模式是非常明晰的"三级监管体系"，主要包括：①联邦层面之上，如跨机构的风险评价联盟（IRAC），克林顿政府时期的"食品传染疾病发生反应协调组"，奥巴马政府时期的"食品安全工作小组"等，这些机构旨在协调与交流，具体农产品（食品）质量安全风险评价工作仍由各机构执行。②联邦层面，主要是"三足鼎立"式，包括卫生部、农业部以及环境保护署，各机构按产品分类各司其职，在风险评价领域有侧重地开展工作。③州和地区层面，美国有 50 个州和 1 个特区，在农产品（食品）质量安全方面主要是执行和贯彻相关法规。

美国联邦层面有 10 多个部门共同管理农产品（食品）质量安全，但具体涉及风险评价的主要是 1 个联合体和 3 个部门下的 7 个机构，即风险评价联盟（IRAC），卫生部下的食品药品管理局（FDA）和国家疾病预防控制中心（CDC），农业部下的食品安全检验局（FSIS）、动植物检疫局（APHIS）和风险分析与成本效益分析办公室（ORACBA），以及环境保护署下的化学安全与污染防控办公室（OCSPP）和研究与发展办公室（ORD）。

1. 风险评价联盟 为有效协调各机构的风险评价工作，1997 年，美国将所有具有食品安全风险评价职能的联邦机构组织起来，建立了一个跨机构的风险评价联盟（IRAC），通过该联盟加强联邦机构间的协调合作与信息交流，推动风险评价科学研究发展。

IRAC 共有 17 个成员，分别来自卫生部、农业部、商务部、环境保护署、国防部等机构。卫生部食品药品管理局的食品安全与应用营养中心是 IRAC 的领导机构，机构设有 1 名主席，由食品安全与应用营养中心派员担任。同时，IRAC 下设政策委员会和多个工作组，人员均来自上述成员机构。政策委员会由食品安全与应用营养中心和农业部食品安全检验局风险评价的资深科学顾问共同主持。委员会负责对联盟进行指导监督，具体工作由包括同行审议工作组、欠缺数据分析工作组、数据信息与质量工作组、数据利用工作组等在内的若干工作组负责。

2. 农业部 农业部是美国具体开展农产品（食品）安全风险评价工作的重要联邦机构，主要负责植物进出口检疫风险评价、动物产品及动物疫病风险评价。在其部门内，涉及风险分析工作的机构主要有动植物检疫局、食品安全检验局、风险分析与成本收益分析办公室、农业研究局、经济研究局以及州际研究、教育与推广局等部门。其中，前三个部门均开展风险评价。

（1）动植物检疫局 动植物检疫局（APHIS）负责评价和管理与农业进口相关的风险，有害生物风险分析是 APHIS 风险评价的重点。APHIS 与国会、其他联邦机构、州、国外组织以及农业相关组织合作，确保不因动植物病虫害限制产量和影响出口。同时，APHIS 监测外来物种入侵、野生动物和家禽的疾病，以及确定生物农业投入品对环境的安全性等。该机构具体职能是：承担安全研究，发布和应用农业生物技术；加强突发和本国安全应急反应，包括管理害虫和疾病监控监测系统、成立动植物健康突发反应系统；通过增强外贸风险评价和采取减弱风险行为降低养殖业的危害等。

（2）食品安全检验局　食品安全检验局（FSIS）主要负责保证美国国内生产和进口的肉、禽及制品的安全、卫生和正确标识，保护公众免受来自其管辖的肉、禽及蛋制品的食源性疾病危害，应对食源性疾病暴发和调查食品安全威胁。FSIS 将风险评价视为其管理工作中的重要组成部分，将它作为食品安全政策决定的重要指导依据。FSIS 风险评价的重点是动物疫病及其相关危害，并且是美国微生物风险评价方法方面的领导者。

（3）风险分析与成本效益分析办公室　风险分析与成本效益分析办公室（ORACBA）的主要职能是与农业部首席经济学家办公室的经济学家合作，对主要法规的科学性和经济性进行全面评价，确保农业部重要的法规草案能够建立在坚实的科学基础之上，并通过成本收益分析确保收益大于成本。同时，ORACBA 还负责政策指导，保证农业部门出台的政策符合美国相关法规要求。ORACBA 工作人员经常需要针对美国农业部内部跨机构或农业部与其他政府部门共同涉及的问题与美国农业部的政策制定者一起研讨协商。

3. 卫生部　卫生部（DHHS）也是开展风险评价工作非常重要的部门，其主要开展流行病风险评价及营养元素、兽药、化妆品、人类用药、食品等风险评价。在卫生部内，主要由疾病预防控制中心（CDC）、食品药品管理局（FDA）开展风险评价工作。

（1）疾病预防控制中心　疾病预防控制中心（CDC）是美国卫生部的主要执行机构之一，主要负责人类流行病风险评价。CDC

作为疾病监控、调查和咨询机构，起着关键和独特的作用，它与食品管理机构既相互分离又密切协作，主要通过卫生监督系统与各州和其他合作者一起工作，监管并预防疾病暴发，执行疾病预防策略，进行国民健康统计。CDC 是支持政府风险评价的重要数据来源，它的研究与监控计划为食品安全风险评价提供了暴露及人类健康结果数据。此外，风险交流也是 CDC 的一项重要职责，其监控计划为风险管理人员和评价人员提供了一个了解政策变化效果的有效机制。

（2）食品药品管理局　FDA 是卫生部内的一个科学管理机构，在食品安全方面负责除农业部监管的农产品之外的其他农产品（食品）的质量安全监管，在风险评价方面主要集中于兽药和食品领域，由其下的食品安全与营养中心、兽药中心分别在各自领域内开展风险评价工作。

食品安全与营养中心（CFSAN）通过管理范围广泛的国内及进口食品保护公众健康，它的一项重要工作即是进行风险评价。风险评价对 CFSAN 工作具有重要意义，被广泛用于辅助管理决策以及确定需要改善的管理计划研究。同时，CFSAN 在风险评价联盟（IRAC）中也扮演着非常重要的角色，作为 IRAC 的领导机构，派员出任联盟主席一职，并与农业部食品安全检验局共同负责 IRAC 的政策委员会工作。

兽药中心（CVM）负责管理动物用食品添加剂、药品、器械的生产和分发，确保它们对动物是安全有效的，同时对人类也是安全的。肉及制品中的化学物残留和农场微生物以及更大环境内对抗生素的抗药性影响是 CVM 的两个主要的风险评价领域。CVM 拥有研究实验室，并对那些关于风险评价所需数据的研究项目进行资助。

食品药品管理局的国家毒理研究中心开展生物剂量反应模拟，为食品药品管理局其他部门的风险评价工作提供服务。妇女健康办公室（OWH）在保证风险评价工作对性别因素的考虑和关注方面发挥着重要作用。

4. 环境保护署　环境保护署（EPA）主要负责农药残留风险评价，化学安全与污染防控办公室、研究与发展办公室是 EPA 内开展风险评价工作的主要部门。

（1）化学安全与污染防控办公室　化学安全与污染防控办公室（OCSPP）负责保护公众健康和管理环境有毒化学物的潜在危害，重在对所管辖的农用化学品进行风险评价。风险评价是 OCSPP 的一项主要法定工作，除风险评价结果被机构用于制定新的标准以外，为了评价累积风险和风险总和，OCSPP 还致力于风险评价方法的建立以及这些方法应用的案件。它和研究与发展办公室（ORD）紧密合作，确定研究需求，并制定满足这些需求的研究策略。此外，OCSPP 还建立了风险评价的同行评审模式。

（2）研究与发展办公室　研究与发展办公室（ORD）是环境保护署的主要科研部门，水和食物安全是 ORD 的两个主要研究问题。ORD 围绕风险评价/风险管理模式组织研究，该模式是用于评价环境风险以及决策如何降低这些风险的一组相互关联的有序分析步骤，主要包括：①描述人类健康和环境影响的特点和数量；②确定暴露于污染物的水平及其方式等；③将这些信息整合进风险评价中；④评价资料来源，执行降低风险的策略或技术。ORD 的这项研究促进了科学和技术在 EPA 保护人类健康和自然环境职责中的运用。此外，ORD 还推动了 EPA 内部在难以解决的或有争议的风险评价问题上达成一致意见，并保证这种一致融入机构的风险评价指南中。

四、质量安全评价运行机制

美国农产品（食品）安全体系是以风险分析为指导的预防性科学体系，以"产品分类管理为主，辅助分段管理为辅"为基础模式，分为联邦、州和地区三个层次执行运作。另外，美国风险评价工作与技术优势紧密结合，非常重视风险管理的科学性，各政府部门都有众多科研机构做技术支撑。因此，美国风险评价工作布局也充分考虑到各风险管理部门在其管辖领域所拥有的技术优势，采取了风险评价与风险管理和交流有机结合的运作模式。

美国风险评价服务于风险管理职能的目标十分明确，各机构评价范围主要围绕其监管产品和该产品中相关危害以及法定风险管理职能而定，如美国环境保护署管理农药登记和制定残留限量，所以该机构负责开展农药残留风险评价工作，以科学评价结果支撑农药管理相关工作。在美国，风险评价工作在三级监管机构都有涉及，三级监管机构的许多部门都聘用流行病学专家、微生物学家和食品科研专家等人员开展科学评价以支持风险管理。但风险评价工作的核心运作还主要集中于联邦机构，这些机构开展风险评价的机制相类似，见图 3-2。

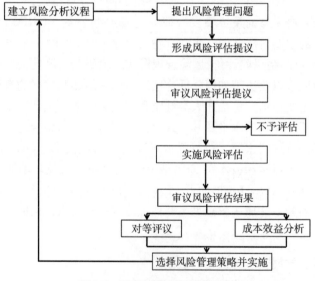

图 3-2　美国风险评价运作机制

第四节　风险评价独立实施制度模式——欧盟、日本的水产品质量安全评价体系

风险评价独立实施制度模式强调风险评价与风险管理功能分

离，具有独立性和权威性的根本原则。其最典型的两个特征：①几乎整个食品安全风险评价由一个单独机构负责执行、统筹和协调；②建立该风险评价制度模式的国家其传统食品安全监管体系框架下各机构设置相对单一，职能相对明晰，同时经济发展水平和公众意识相对成熟，变革调整阻力较小等。

该模式的典型代表性区域性组织和国家分别为欧盟和日本。风险评价独立实施模式最大特征是所有食品安全风险评价职能由一个具体部门承担，其制度相关的机构设置、运行机制和保障措施等非常清晰明朗，便于其他国家借鉴和参考。

一、基本背景

1. 欧盟 欧盟是由多个欧洲成员国组成的区域性组织，是欧洲众多国家组成的政治和经济共同体。最初欧盟各成员国的食品安全管理都各自为战，缺乏完整的食品安全法规体系、管理机构、危机应急处理与预警机制、信息发布平台和交流渠道等。20世纪90年代，欧盟先后几次出现了口蹄疫、疯牛病、禽流感等严重的食品安全危机，使各成员国经济蒙受了巨大损失，政府公信力遭受质疑，同时也暴露了欧盟原有食品安全管理体系的巨大缺陷，各国政府食品安全风险应对能力也随之遭受质疑和挑战。

为重筑消费者对欧洲食品安全的信心，1997年4月欧盟委员会发布了关于欧盟食品法规一般原则的《食品安全绿皮书》，2000年1月又发布了对于欧盟食品安全管理最具划时代意义的《食品安全白皮书》，随后于2002年成立了欧盟食品安全局。以科学风险评价为原则的欧盟食品安全管理体系初见雏形，通过多年的发展，欧盟食品安全风险评价模式不断成熟和完善，备受全球其他国家关注。

2. 日本 典型岛国的地形特征决定了日本为进口大国，约60％的食品依靠进口，其比例在发达工业国家中最高。尽管国产食品较进口食品价格高出几成甚至几倍，但消费者在购买食品时，仍然将本国产品作为首选。日本是世界上人口平均寿命最长的国家之一，在日本人的传统观念中，食品安全是历来固有的概念。20世纪初，日本饱受食品安全事件频发的困扰，其中包括著名的雪印乳品事件、大肠杆菌 O157 中毒事件等。这些都极大地推动了日本在改革食品安全监管体系和构建风险评价制度方面的大胆创新。

二、法律基础

1. 欧盟 以 1997 年《食品安全绿皮书》的发布为标志，欧盟开启了为统一协调内部食品安全管理体制的食品安全立法调整。其后《食品安全白皮书》《178/2002 号法令》《食品卫生法》等法律法规相继出台和实施，形成了比较完整的食品安全法规体系。从风险评价制度而言，必须提到《食品安全白皮书》和《178/2002 号法令》，这两部法律奠定了欧盟风险评价制度的基础。

（1）《食品安全白皮书》 2000 年 2 月，欧盟发布了《食品安全白皮书》，包括执行概要和 9 章内容，共 117 项条款。该法规涉及食品安全基本原则、政策与法规管理、建立欧盟食品安全局、消费者信息、食品和饲料进口原则等。在第 2 章"食品安全基本原则"的第 12 条中明确指出食品安全政策必须以风险分析为基础。同时，在第 4 章专门用一章的内容明确建议欧盟建立食品安全局，并对其职责和功能进行了初步规划和布局。

（2）《178/2002 号法令》 为推动《食品安全白皮书》的实施和落实，欧盟于 2002 年 1 月发布了《178/2002 号法令》，该法令共包括 5 章 65 项条款，涉及食品安全管理的一般原则、食品安全一般要求和食品经营者的责任、食品安全局职责与运作、风险管理与应急管理等方方面面的内容。该法令对欧盟食品安全法律制度进行了改革和创新，奠定了欧盟食品安全法律制度的基础，具有食品安全基本法的地位。

2. 日本 日本涉及食品安全的法律法规较多，主要包括食品质量卫生、农产品质量、投入品（农药、兽药、饲料添加剂等）管理、动物检验检疫、植物保护 5 个方面。其中《食品安全基本法》和《食品卫生法》是影响日本农产品质量安全风险评价制度建设的两部大法，引导了日本整个风险评价制度体系的定位和走向，对日本风险评价制度构建具有深远意义。

（1）《食品安全基本法》 为进一步完善食品安全法律和管理体制，日本参议院于 2003 年 5 月 23 日通过了《食品安全基本法》草案。该法分三个章节，共 38 条。第一章为总则，界定国家、地方政府以及食品相关企业的责任和消费者角色，并就保障食品安全相关事宜确定国家的基本施政方向，以确保国家食品安全。第二章为基本方针，明确了风险评价的地位、风险交流以及风险管理基本要求等。第三章专门规定了建立食品安全委员会的相关事宜，明确了委员会的职能、地位和运作机制。

（2）《食品卫生法》 《食品卫生法》于 1947 年制定出台，实施过程中历经多次修订，仅 1995 年以来就修改了 10 多次。该法是日本政府为保证食品安全和卫生而制定的，共 11 章，主要对进口食品、添加物、器具和包装容器等的卫生安全进行规制，为厚生劳动省执法提供依据。如果《食品安全基本法》是关于风险评价的原则性大法，《食品卫生法》则是应用风险评价结果实施风险管理，具有操作指导意义的根本大法，对很多涉及风险管理的具体政策措施做出了规定。

三、机构职能

1. 欧盟 欧盟是率先实施风险评价与风险管理职能分离的典范。欧盟层面，专门成立了欧盟食品安全局，负责实施风险评价和风险交流，而欧盟委员会等管理机构则负责实施和协调风险管理事务。在风险评价方面，欧盟相关机构都对其成员国发挥着重要的组织和协调作用，各成员国按照欧盟统一的风险评价制度理念，相应调整国内机构职能，执行统一的战略。

①欧盟管理机构 欧盟主要有 5 个相关机构执行食品安全相关事务，欧洲理事会、欧盟理事会、欧盟委员会、欧洲议会、欧洲法院等。其中欧洲理事会、欧盟理事会是欧盟最高权力机构，拥有欧盟的绝大部分立法权，自然包括食品安全相关立法。而欧盟委员

会、欧洲议会和欧洲法院是具体执行机构，督促、监督和协调法律和决议的执行及纠偏，同时代表欧盟进行对外联系和贸易等方面的谈判等。直接负责食品安全管理的主要是欧盟委员会的健康和消费者保护总司和食品与兽医办公室，二者同为风险管理机构，前者在食品安全决策中扮演重要角色，而后者则为食品安全政策的主要执行机构，负责监控成员国和第三国对欧盟食品安全法规的遵守情况。

②欧盟食品安全局　欧盟食品安全局（EFSA）（机构框架见图 3-3）是欧盟履行有关食品和饲料安全风险评价职能的基石。该机构成立于 2002 年 1 月，2005 年，欧盟食品安全局从比利时布鲁塞尔转迁到意大利帕尔玛正式落户。

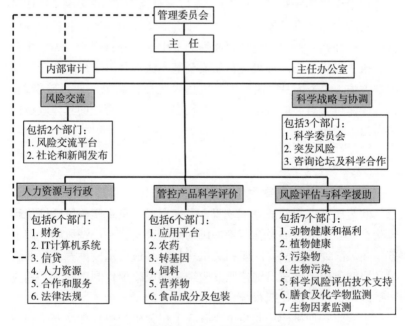

图 3-3　欧盟食品安全局机构职能框架

该机构的具体职能是：

a）开展风险评价工作　欧盟食品安全局最主要的任务就是对

食品安全相关风险是供独立客观的科学建议，为欧盟食品安全政策和立法提供科学基础，以确保欧明委员会、欧洲议会和成员国及时有效地进行风险管理决策。

b）开展风险交流工作 EFSA 期望在食品安全风险评价领域获得全球相关机构的认可，在开展评价的同时，EFSA 与各成员国、国际组织和机构、其他国家建立合作关系，就最新的科学信息和知识开展风险交流，促进欧盟风险评价整体实力和能力的提高。

2011 年 EFSA 启动了内部重组计划。重组后的 EFSA 主要由管理董事会、执行主任以及风险评价和科学援助、管控产品科学评价、科学战略与协调、风险交流、人力资源与行政 5 个理事会构成。风险评价和科学援助、管控产品科学评价、科学战略与协调 3 个理事会主要从事科学相关的工作，为科学委员会和科学小组工作提供支撑。

2. 日本 日本风险评价机构的主体是"三驾马车"，分别为食品安全委员会、农林水产省和厚生劳动省。食品安全委员会主要负责风险评价，厚生劳动省和农林水产省主要负责风险管理，其中农林水产省主要负责食品源头生产及其质量保证，厚生劳动省主要负责食品生产和销售环节的食品安全。

①食品安全委员会 食品安全委员会是主要从事风险评价的专职机构，委员会为内阁所属部门，并直接向首相报告。委员会组建时共有 7 名委员，组成了委员会的最高决策团，其中 3 人为非专职委员。该决策团直接由国会任命，向首相负责。委员会还设有 12 个专业委员会，作为委员会的附属机构，其中 11 个专业委员会负责开展化学物质、生物因素以及新型食品等方面的风险评价，1 个专业委员会负责应急响应和风险交流等工作。

食品安全委员会的主要职能是：科学独立地开展或委托具有相应资质的机构开展食品风险评价工作，并向政府管理部门提供风险评价结论及相关政策建议；协调农林水产省、厚生劳动省等管理部门开展风险交流，并进行政策指导与监督；向各方（政府、机构、经营商以及所有公众）传达食品风险相关信息；就食品安全事件以及紧急事故做出积极响应等。

食品安全委员会下属主要机构及其风险评价相关职能为：

a) 7 名委员组成的最高决策机构 7 名委员都是食品行业领域资深专家，享有最高决策权，在确保该委员会的众多职能上有绝对权力。

b) 12 个专业委员会 为计划编制专业委员会、风险交流专业委员会、突发事件应急反应专业委员会、食品添加剂专业委员会、农药专业委员会、微生物专业委员会等，主要从事专业领域的评价工作。评价工作主要集中在三个领域：一是化学物质领域，包括对食品添加剂、农药、兽药、器具及容器包装、化学物质、污染物等的风险评价；二是生物物质领域，包括对微生物、病毒及生物毒素等的风险评价；三是新型食品领域，包括对转基因食品、新型食品、饲料和肥料等的风险评价。

c) 委员会秘书处 秘书处包括秘书长、副秘书长、总事务室、风险评价室、政策建议与公共关系室、信息和突发事件应急反应室、风险交流主管。秘书处主要负责委员会日常事务，其雇员多数来自农林水产省和厚生劳动省等部门。

②农林水产省 农林水产省设有 6 个大臣或官员、6 个直属局、2 个附属局、农林水产技术会议，以及若干地方支局和分部。农林水产省的主要职能为：管理农村发展和农民福利的各个方面，以保障日本经济和国民生活；负责制定和监督执行农产品类食品商品的产品标准；采取物价对策，保障粮食安全；执行农林水产品生产阶段的风险管理（农药、肥料、饲料、动物等）；防止土壤污染；促进消费者和生产者的安全信息交流等。

农林水产省下属主要机构及其风险管理职能为：

a) 食品政策总局 负责食物政策和维持食物数量稳定供应和储备；提供有关健康饮食的信息、制定有机食物及转基因食物标签制度；推动国际合作，以期全球食物长期稳定供应。

b) 消费安全局 2003 年 9 月 1 日，农林水产省将原隶属于生产局的食品安全管理职能分离，单独成立消费安全局。该局下设消费安全政策、农产品安全管理、畜水产安全管理、动物卫生、植物防疫、标识规格、总务 7 个课，以及 1 名消费者信息官。消费安全局主要负责国内生鲜农产品及其粗加工产品在生产环节的质量安全管理；农药、兽药、化肥、饲料等农业投入品在生产、销售与使用环节的监管；进口农产品动植物检疫；国产和进口粮食的质量安全检查；国内农产品品质认证和标识监管；农产品加工环节中"危害分析与关键控制点"（HACCP）方法的推广；流通环节中批发市场、屠宰场的设施建设；农产品质量安全信息搜集、交流等。

c）农林水产消费安全技术中心　该中心有 7 个分中心，主要职责有两个方面，一是保障肥料、土壤改良剂、农业化学品、动物饲料和饲料添加剂的质量与安全，二是促进农林水产品质量改进和标识。具体承担的业务有：在肥料质量安全保障方面，审查肥料注册申请，并对肥料工厂实施现场检查；在农业化学品质量安全保障方面，审查农业化学品注册申请，包括对农业化学品的有效性、毒理学数据、在作物和环境中的残留、对环境和生态系统产生的负面影响等进行审查，同时还实施良好卫生操作规范（GLP）检查和农业化学品工厂现场检查；在饲料质量安全保障方面，对饲料和饲料添加剂工厂实施现场检查，并执行出厂检验和良好生产操作规范（GMP）检查；在确保食品正确标识方面，对标签实施检查并开通投诉热线电话；在改善农林水产品质量方面，负责对有机认证机构进行评价和监督，并对 JAS 标准进行研究和修订。

③厚生劳动省　厚生劳动省是日本负责医疗卫生和社会保障的主要部门，该部门设有 1 个秘书处、11 个局。在农产品质量安全风险评价制度中，厚生劳动省负责实施食品生产和销售环节的风险管理。为与风险评价制度接轨，厚生劳动省将医药局改组为医药食品局，有关食用产品风险管理的具体职能主要由其下设的食品安全部实施和执行。

食品安全部具体职能是：执行《食品卫生法》以保护国民健康；根据食品安全委员会的评价结果，制定食品中添加剂限量及农业化学品残留限量；对食品加工设施实施卫生管理；监控并指导包括进口食品的食品流通环节；听取国民对各项食品安全管理制度及其实施的意见，促进相关人员（消费者、生产者以及专家学者）开展风险交流。

四、质量安全评价运行机制

1. 欧盟 欧盟在风险评价制度模式上采取风险评价独立实施制度模式（图 3-4）。欧盟食品安全局的风险评价工作遵循的工作机制包括：①组建工作组。评价任务确定后，欧盟食品安全局会从与评价任务相关的科学小组中挑选科学家组成工作组；欧盟食品安全局还可以寻求外部专家以及专家数据系统来确保任务完成。②起草科学建议。工作组负责开展风险评价活动，并根据风险评价结果起草科学建议，为保证评价的科学性和规范性，欧盟食品安全局制

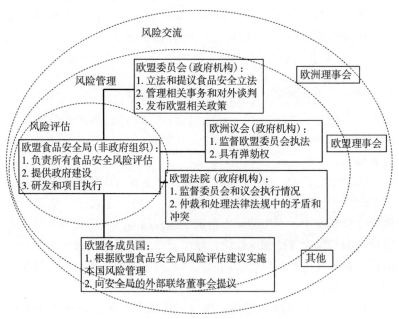

图 3-4　欧盟风险评价制度运行制度框架

定了若干良好风险评价操作指导文件，以确保起草的建议达到最高科学标准水平。③公众咨询。工作组起草完成科学建议草案后，欧盟食品安全局会将草案文件公布在其官方网站上，开展公众咨询。④采纳科学建议。工作组向科学委员会或科学小组提交完善后的科学建议草案供会议审议。

欧盟食品安全局（EFSA）有一套决定是否开展风险评价、何时开展风险评价以及怎样开展风险评价的诉求机制（图3-5）。EFSA每周会对各种风险诉求进行审核，并将其委派给相应的科学小组或科学委员会处理。各科学小组或科学委员会核实这些诉求是否清晰和完整后即着手开展评价工作。

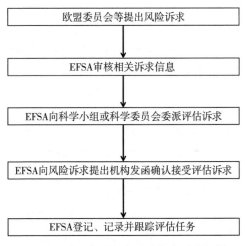

图3-5 欧盟食品安全风险信息诉求机制

2. 日本 在农产品质量安全运行机制的大框架上，日本采取的是统一部门制度管理模式，同时结合了"分段管理为主，产品管理为辅"的监管体系。所谓统一部门制度模式突出表现在日本风险评价与风险管理职能在部门内部分离。其中，农林水产省主要负责源头产品安全及其生产，包括产地环境和污染控制等，主要执行机构是农林水产省下设的食品危机管理小组和消费安全局两个部门。而厚生劳动省主要负责加工、消费和餐饮环节安全，主要执行机构是医药食品局。

日本风险评价总体上为独立实施制度模式。风险评价职能由一个独立机构主导实施并完成，即由食品安全委员会独立负责风险评价工作，该机构拥有高度权威性、独立性和专业性。随着风险评价职能的剥离，农林水产省和厚生劳动省专职于风险管理。同时，为更好地履行职能，机构内外进行了相应的体制改革，如将原农林水产省制定农兽药残留标准的职能划归厚生劳动省，该调整是依据风险评价与风险管理更好对接的原则做出的重大调整。

①常规风险评价机制　日本常规风险评价机制包括：

a）常规风险评价范围　根据食品安全委员会制定的年度规划或计划，标准限量的制定、修订、删除均需依据风险排序的结果，将其中需要纳入评价计划实施的项目等纳入常规风险评价中。

b）常规风险评价机制　常规风险评价可由食品安全委员会各相关专业委员会具体实施或委托行政法人、企业或其他民间团体、都道府县的实验室、研究机构、高校或有学识经验的人士进行必要的调查、建议或评价，承担评价任务的机构具有独立完成评价的权利，但是同时必须遵守相关规定，不得泄露机密。在实施过程中，专业委员会或委托机构如认为有必要，则可通过食品安全委员会向内阁大臣请求或直接向相关管理机构申请协助，以便开展风险评价。食品安全委员会对任何食品安全风险相关的事务，甚至对食品安全相关的法规制定都具有提议、评价和审查的权利，意见可通过内阁总理大臣向相关行政机构的领导陈述意见。各有关大臣在认为有必要确保食品的安全性而采取措施时，听取委员会的意见，具体运作机制见图3-6。

②应急风险评价机制　日本应急风险评价机制包括：

a）应急风险评价范围　应急风险评价一般为发生突发食品安全事件、国内外投诉并影响国内公众健康或国际贸易的重大食品安全隐患等。

b）应急风险评价机制　应急风险评价同样可由食品安全委员

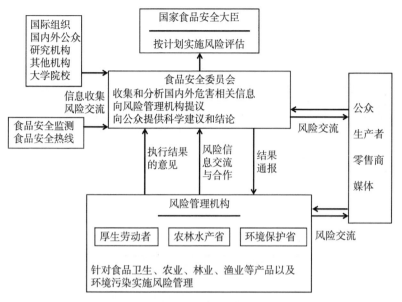

图 3-6 日本常规风险评价运作机制

会各相关专业委员会具体实施或委托第三方进行必要的调查、建议或评价，承担评价任务的机构具有独立完成评价的权利，但是同时必须遵守相关规定，不得泄露机密。委员会在认为有严重食品安全威胁，或认为有必要启动调研进一步明确风险时，可通过食品安全委员会向内阁大臣请求或直接向相关管理机构申请协助，对有可能产生的紧急事态开展健康评价，进行必要的调查、分析或检查。而国家相关实验室，接到委员会的请求后应立即着手对相关事项进行调查、分析或检查。评价可与风险预警同时实施，在评价结果确认无风险后预警可解除。如存在重大风险以至造成重大不良后果，则进入相应预警级别并采取相应措施，相关评价意见可由食品安全委员会通过内阁总理大臣或在认为有必要的情况下直接向相关行政机构陈述。各有关大臣在发出预警前也必须在听取食品安全委员会意见后采取措施（应急风险评价机制见图 3-7）。

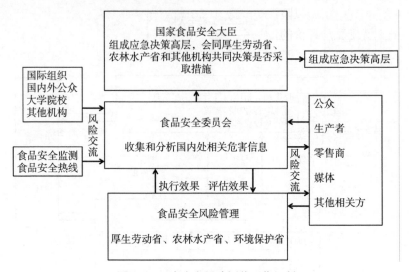

图 3-7 日本应急风险评价运作机制

第五节 全球水产品质量安全风险评价对比

一、法律基础对比

对于包括水产品在内的农产品质量安全法律而言，法律总是滞后于现实的。如水产品中以"三鱼两药"为代表的质量安全危机是促使我国颁布的《中华人民共和国农产品质量安全法》及《农产品质量安全监测管理办法》等法律法规的重要原因。农产品质量安全法律法规体系的不断建立、完善和健全体现了政府为国民创制安全消费公共环境的决心和随之开展的具体行动。

1. 以风险评价层次划分的质量安全法律体系对比 风险评价对于水产品质量安全而言不具有唯一性，它既不能实现零风险，也不能完全解决所有水产品质量安全问题。以风险评价为线索来划分各国质量安全法律法规体系，可分为三种类型或层次：主体确立型、框架设计型和战略推广型。

（1）**主体确立型** 主体确立型主要特征是不具体涉及或过多涉

及国家如何实施风险评价战略及其相应可操作的规定，而是以相应条款肯定风险评价的价值和地位，明确风险评价是保障水产品质量安全的重要手段，赋予风险评价在水产品质量安全监管中的地位和作用，为法律进一步修订完善、其他法律或配套实施条例的出台等奠定基础和提供铺垫。

主体确立型立法形式更多是通过确立风险评价地位，积极参与国际农产品质量安全对话，与国际惯例和做法接轨，将其农产品质量安全管理体系纳入风险评价模式来进一步强调对公众健康的关注和对民生民权的尊重。如我国《中华人民共和国农产品质量安全法》第六条强调应当对可能影响农产品质量安全的潜在危害进行风险分析和评价，同时第十二条规定标准制修订应当以风险评价结果为依据。虽然指明由国家农产品质量安全风险评价专家委员会具体负责评价，但未就权力范围、组织运行、经费保障及如何具体开展风险评价工作等做详细规定。我国是农产品质量安全风险评价价值观而不是农产品质量安全风险评价制度以法律形式确定下来，但农产品质量安全风险评价总体运作方式、国家农产品质量安全风险评价专家委员会机构职能及其行为无明确法律依据。

（2）框架设计型　框架设计型主要为满足风险评价制度需要，进一步通过机构重组、设置及其职能定位，理清职能交叉、权责不符等障碍，同时基于机构框架设计进一步确定风险评价制度运作机制的基调。框架设计型是风险评价制度在立法中体现得最多的一种形式。框架设计型立法较主体确立型而言，优点在于风险评价制度框架更为明晰，较战略推广型而言，不至因为技术操作层面条件的限制或不成熟而导致法律法规出台受限。

如日本的《食品安全基本法》与其说是日本食品安全的基本原则和政策方针，不如说是食品安全委员会的机构章程，因为该法共三章38条，通篇最有实际价值和意义的是第三章22条至38条关于食品安全委员会职能、资料提交、评价诉求、委员任命、薪酬、义务等方面的规定。通过该法可知日本食品安全委员会从机构组成、职能安排到人员任命等均为法律所授，享有至高无上的权利。

同时，该法通过明确食品安全委员会的机构设置及其工作机制清楚表明日本食品安全风险评价制度的基本架构。

我国《中华人民共和国食品安全法》多处提到食品安全风险评价，并在第二章专门就食品安全风险监测和评价做出规定：一是明确我国应当成立国家食品安全风险评价专家委员会并开展食品安全风险评价工作；二是与《中华人民共和国农产品质量安全法》对接，通过两法明确农业部主要负责农产品质量安全风险评价并具体组织实施农产品质量安全风险监测任务，而卫生部牵头会同国家质检总局、国家工商总局等部门主要负责食品安全风险评价并具体实施食品安全风险监测任务。《中华人民共和国食品安全法》初步勾勒出了食品安全风险评价制度的基本框架，而《食品安全风险监测管理规定（试行）》和《食品安全风险评价管理规定（试行)》的跟进出台和实施是对法律中遗留下的风险评价和风险监测如何操作和实施的问题做出解答和回应。

欧盟的《食品安全白皮书》开篇提出需要建立一个独立、权威、透明的食品安全风险评价机构——欧盟食品安全局的设想。同时第四章对欧盟食品安全局职能规划所涉及的机构性质、职能、运作等相关背景做了比较详细的交代和表述，包括食品安全局为何定位为一个独立权威的风险评价而不是风险管理机构，为何该机构必须与工业和政治利益关系脱离而成为一个以科学为先导，保持权威性、透明性和独立性的机构。

《欧盟食品安全白皮书》是随后发布的《178/2002号法令》的序言，法令通篇贯穿欧盟食品安全局职能所涉及的食品及饲料安全领域，并在第三章中就欧盟食品安全局的根本使命、履行任务、机构组织、委员任命、管理运行、经费财务等方面做出非常详细的规定，同时就与欧盟食品安全局相关的风险管理、应急事件处置、快速预警系统等方面做出相应配套安排和规定。可以说《178/2002号法令》是欧盟食品安全局得以正常履行职能的法律依据。

（3）战略推广型　战略推广型主要是以法律形式推行具体风险评价技术系统发展战略思想及其进度，且比较详细地设计其评价的相关细节和具体规定。战略推广型与框架设计型最明确的区别是战略推广型不但对风险评价制度涉及的机构及其运行机制等事宜逐一做出相应安排和部署，更重要的是会对风险评价技术程序做出相应界定、诠释和规范。最典型的是美国直接将风险评价技术纳入农药登记管理。基于《食品质量保护法》，美国设立了中长期科技战略规划，对敏感人群（儿童）提出 FQPA 系数以保护儿童健康，开展有机磷等农药蓄积性和累积性风险评价技术研究。这些技术行为通过中长期科技规划首先在法律中得到了具体支持，随后在农药登记、标准体系制修订、进出口等管理措施的制定和执行方面得到具体体现。

2. 以风险评价性质划分的农产品质量安全法律体系对比 以风险评价性质划分的质量安全法律体系可分为：管理类、技术类和综合类。

（1）*管理类标准* 主要是关于风险评价在不同部门的职能、权利和义务规定，如我国 2010 年 1 月发布的《食品安全风险监测管理规定（试行）》和《食品安全风险评价管理规定（试行）》；2009 年国际标准化组织（ISO）风险管理工作组颁布了新的国际标准 ISO 3000：2009《风险管理标准原则和通用准则》，并同时出版了 ISO 指南 73：2009《风险管理词汇表》。

（2）*技术类标准* 主要界定为实现目标具体应用的技术方法及其适用范围，方法基本原则、特点和基本程序等。如 2009 年 8 月，欧盟食品安全局下属的植物保护产品及残留研究小组（PPR）发布了《杀虫剂急性风险评价指南》，该指南主要指导如何采用急性可接受操作暴露水平（Acute acceptable operator exposure level，AAOEL），针对农民和高暴露人群的皮肤接触和吸入等两种途径开展急性暴露评价。2010 年 2 月，欧盟食品安全局发布了如何通过不同方法来权重风险与效益的《食品风险-效益评价指南（草案）》。2010 年，欧盟食品安全局发布了《化学物膳食暴露评价中截尾数据处理方法的科学报告》，主要针对监测结果中常常出现的"未检出"情况如何进行科学分析。2010 年，欧盟发布了《农药膳食暴露评价中定量构效关系在活性成分代谢及其降解产物毒理学评价方面的应用》的报告，以及《系统评价方法在食品及饲料安全性评价中的应用指南》等。

（3）操作类标准 主要是为实现目标具体应用的技术的详细细节和过程。技术类标准和操作类标准的主要区别在于技术类标准更偏重原则性的规定，而操作类标准注重解决问题的具体程序和途径，强调所见即所得，不同使用对象应同一操作程序可以获得同样或近似的结果。一般用于风险监测的检测方法标准或应用手册为操作类标准，如《动物性食品中克伦特罗残留量的测定 酶联免疫吸附法》（GB/T 5009.192—2003）、《蔬菜和水果中有机磷、有机氯、拟除虫菊酯和氨基甲酸酯类农药多残留的测定》（NY/T 761—2008）等。

3. 以风险评价对象划分的农产品质量安全法律法规体系比对 按对象编排分为产品类别、危害因子、危害对象、评价程序、评价方法等，不同性质和对象的编排间会有一定交叉和联系（图 3-8）。

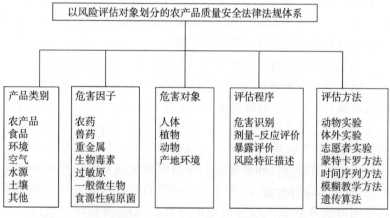

图 3-8 以风险评价对象划分的农产品质量安全法律体系构架

产品类别分类标准主要依据危害所存在的载体来进行划分，如农产品、食品、动植物或环境等。危害因子分类标准主要按生物因素、化学因素以及物理因素等进行分类，其中可细分为农药、兽药、重金属、持续性有机污染物、生物毒素或这些类别中的某种具体危害。危害对象分类标准按危害所胁迫的对象进行分类，如人类、环境或动植物健康这些类别中某具体敏感标志物、靶器官等。评价程序标准主要按风险评价危害识别、危害特征描述（剂量-反应评价）、暴露评价和风险特征描述四部分来分类。评价方法分类标准主要按评价涉及的某种具体手段来分类，如实验方法类的体外实验（组织灌流试验、AMEs 试验等）、动物体内实验（致癌试验、致畸试验、遗传试验等），模拟技术方法类的蒙特卡罗模拟方法、时间序列分析方法、基于支持向量机方法、模糊数学法等。

4. 以风险评价价值取向划分的农产品质量安全法律体系比对

农产品质量安全法律体系的价值取向是决定风险评价制度价值走向的重要前提。通常有两种：①证明完全无风险前提下才能实施；②证明有风险情况下才能限制实施。

风险是潜在的不确定性，各国在面对风险评价时其价值取向存在差异。如在国际谈判中美国针对风险评价原则持保守和模糊态度，有时甚至否认该原则存在的意义。

日本的《食品安全基本法》中未明确区分评价类型，但在第 11 条中首先规定了三种情况，具体为：①明确看出无必要进行健康影响评价的；②对人体健康的危害程度已非常明确的；③为防止或抑制危害人体健康的突发事件，在紧急情况下未来得及进行评价。法律认为应对第三种情况迅速进行评价；对前两项应根据事件发生所达到的影响程度及其所掌握的数据和知识，进行客观、公正的评价。在此，体现出了对待组合风险的态度，虽然表明不存在农产品质量安全风险，但为规避其他风险（如消费者恐慌、贸易障碍等），也应当进行客观、公正的评价。另外，在《食品卫生法》中第 7 条规定"在没有证据证明其不会危害人体健康的情况下……厚生劳动大臣禁止该食品销售"，该条文强调的是"没有证据表明安全"就不能销售，而不是"证据表明有危害"才会禁止，这也体现出该国对待风险的原则和立场。日本虽然未在立法中明确表明风险如何划分等级，但可从其部分法律中得到答案，如《食品安全基本法》第 14 条明确提出建立突发事件处理制度，用于防范产生或有可能产生危害的紧急事件发生。既然有紧急性评价，必然会对常态情况下的事件行评价。

我国在《中华人民共和国农产品质量安全法》《中华人民共和国农业转基因产品安全管理》，尤其在《中华人民共和国食品安全法》中隐含或明确提到了风险评价，并渐进表明了对待风险的价值取向。如《农业转基因产品安全管理》虽然只字未提风险防范的措施和立场，但隐约涉及了风险防范原则。《中华人民共和国农产品质量安全法》第六条明确提到"……对可能影响农产品质量安全的潜在危害进行风险分析和评价"，同时第十二条规定"制定农产品质量安全标准应当充分考虑农产品质量安全风险评价结果……"《中华人民共和国食品安全法》和《食品安全风险评价管理规定（试行）》就风险评价启动及其程序作了非常详细的阐述。

二、机构及其职能对比

风险评价工作将机构及其职能分工分为三种类型：管理职能主导型、评价技术主导型和评价独立实施型。上述三种类型没有优劣之分，根据各国国情和基础条件来制定和实施。另外，三种类型中以评价独立实施型较为常见，符合将来风险评价机构及其职能划分的趋势和方向，但该模式并非适合当前所有国家国情，对管理职能交错、体制相对复杂、体系相对庞大的国家，采用管理职能主导型和评价技术主导型可能是目前更好的过渡模式或更容易操作实施。

1. 管理职能主导型 该类型的特征即"谁具有管理职能，谁实施风险评价工作"。该方式主要是遵循了风险评价是风险分析的核心，是风险管理的科学依据的原则。没有风险管理应用的风险评价是无意义的。该类型典型的代表是中国，我国风险评价分为食品安全风险评价和食用农产品质量安全风险评价，同样风险监测分为食品安全风险监测和食用农产品风险监测，当然该分类是对长期主导我国的"以分段管理为主"的食品安全管理模式的延续和妥协。

评价为目的服务、为更为有效的科学监管服务是农产品质量安全风险评价存在的价值核心，也是该管理模式存在的内在动力。

2. 评价技术主导型 该类型的特征即"谁具有实施风险评价研究的技术优势和资源优势，谁实施风险评价工作"。该方式遵循了风险评价是技术行为，需要数据和方法支撑的原则。最典型的是美国，如美国是由环境保护署对农药实施登记管理并开展相应风险评价技术研究和工作，而不是由对施用农药农产品实施管理的美国食品药品管理局进行这一工作；另外，美国 FDA 依法对兽药进行风险评价，而农业部负责管理畜产品、家禽产品和蛋制品安全。

3. 评价独立实施型 该类型的特征即"风险评价工作和风险评价研究由一个机构单独负责或主导协调"。该方式遵循了风险评价与风险管理职能分离，不受外界阻挠，确保风险评价结论的科学性、公正性和公开性的原则。这样的方式彻底克服了风险评价和风险管理纠葛不清的弊端，是当前全球广为推崇和采纳的方式，是未来的一个趋势。

该类型比较典型的国家是日本，该国单独成立食品安全委员会实施"从农田到餐桌"供应链中所有风险评价，直接对内阁总理负责，不受任何管理机构制约。欧盟食品安全局风险评价实施的核心分机构是科学部。

三、运作机制对比

风险评价内容主要涉及：①满足开展风险评价的数据计划运行机制；②风险评价技术研究机制；③风险评价工作机制。这是风险评价的三个必然联系，即风险评价实施必须具有"数据"和"技术"两种资源，在此基础上才能开展和推进风险评价工作。

风险评价数据计划在各国或地区虽然命名不一，但其功能总体一致，均为了满足风险评价，其制定和实施是经过周密调研和分析继而确定下来，由于其必须具有存在价值，所以该计划长期实施的必要性取决于其在某种应用上具有的独一无二性，否则会整合或取消，这是由计划的本质所决定的，该本质在世界各国或地区范围内均一致。

我国是典型的风险评价与风险管理职能统一模式，风险评价数据计划运行机制框架相对明朗。首先，从国家层面解析包括两块：①卫生与计划生育委员会牵头会同国家食品药品监督管理总局联合开展的食品安全风险监测计划，包括食品化学污染物监测计划（包括常规、专项和应急监测）、食源性病原菌监测计划（常规和应急监测）以及食源性疾病监测三部分，以及卫生与计划生育委员会独立开展的总膳食调查、营养状况调查等；②农业农村部独立开展的农产品质量安全风险监测计划、例行监测计划、普查和监督抽查等。

美国农业部开展的农药数据计划（PDP）旨在为其他部门提供风险评价数据，其服务对象包括美国环境保护署和食品药品管理局等。

风险评价技术研究机制为风险评价工作提供基础性和应用性技术储备。

管理主导型分类中，风险评价工作由管理部门内部机构负责，而风险评价研究由管理部门下属事业单位负责，或由本部门成立相应技术机构或委托给相应具有实施能力的技术机构承担。管理主导型运作机制会在风险评价运作机制上不断磨合和匹配。

评价技术主导型分类中，风险评价一般由部门下一个或多个部门负责，一般该部门具有非常强的研发能力和推广示范能力，如美国EPA下的农药管理办公室（OPP），本应纳入农业部开展的农药风险评价和研发工作在美国却由环境保护署承担，而不是主要掌握监控计划和大量数据的农业部负责。

评价独立实施分类中相对简单，如日本和欧盟等由其单独实施风险评价的技术部门直接承担国家层面的风险评价工作，以及风险评价战略计划制定和风险评价技术研发等工作。日本将原农林水产省制定农兽药残留标准的功能划归给劳动厚生省，与美国模式类似；美国兽药残留标准制定由美国食品药品管理局而不是农业部负责，但是与中国模式却大相径庭。由此可看出，标准制定更多是风险管理行为，而非风险评价主导。

第四章　水产品生物风险评价
技术体系

在水产品质量安全风险因素中，有害生物是影响水产品质量安全的主要因素，由其引起的食源性疾病不确定因素多，而且较难控制。因此，生物风险评价是水产品质量安全风险评价的核心工作，对确定防控重点对象、防控因水产品引起的人类传染病的发生与流行具有重要的意义。一般来说，水产品的生物风险主要源自致病菌、有害真菌、病毒和寄生虫。鉴此，本章主要介绍水产品中生物风险的基本知识，水产品中细菌性、真菌性、病毒性及寄生虫性风险评价技术，以期为我国建立完善的水产品安全保障机制提供借鉴与参考。

第一节　水产品生物风险的基本知识

一、生物风险的定义与类型

生物风险是指因水产品中有害生物的存在导致水产品质量安全风险，并因此对消费者产生潜在的健康危害。由于这些有害生物的广泛性，生物风险具有动态性、不确定性、特定性等特点。根据水产品中有害生物的类别，一般将生物风险分为细菌性风险、真菌性风险、病毒性风险和寄生虫性风险。

1. 细菌性风险　细菌性风险是因致病菌污染水产品而导致消费者因此发生食源性疾病的风险。在水产品中细菌性风险事件中，副溶血弧菌污染水产品引起的食源性疾病最为常见。中国疾病预防控制中心曾通过对北京夏季市售水产品污染副溶血弧菌与食源性感染病例的副溶血弧菌进行血清型、毒力基因型、耐药谱、分子分型的研究比较，对北京水产品污染及腹泻病例副溶血弧菌关联性进行分析，揭示水产品是导致北京地区副溶血弧菌食源性感染疾病的高风险食品。

2. 真菌性风险 真菌性风险是因产毒真菌污染水产品而导致消费者因此发生急性或慢性中毒的风险。水产品如干制水产品若加工与贮藏不当极易感染真菌。例如，2006 年，广州市消费者委员会委托广东省食品质量监督检验站对市场销售的 32 种即食鱼丝、鱼片、鱼粒产品进行了霉菌检测，发现 3 种散装产品被检出霉菌。这些霉菌在适宜条件下会产生有毒的霉菌毒素，一旦消费者食用被霉菌污染的水产品，无疑会对健康产生潜在危害。

3. 病毒性风险 病毒性风险是因病毒污染水产品而导致消费者因此发生食源性疾病的风险。以水产品中诺瓦克样病毒引起的风险为例，诺瓦克样病毒是人类非细菌性肠胃炎的主要病原体，而流行病学发现贝类是这种病毒的主要载体。因此，食用携带诺瓦克样病毒的贝类水产品常给人类健康带来潜在的风险。

4. 寄生虫性风险 寄生虫性风险是因寄生虫污染水产品而导致消费者因此发生食源性疾病的风险。水产品是很多寄生虫的宿主。例如，福寿螺是广州管圆线虫的中间宿主，螺蛳是华支睾吸虫的中间宿主，淡水鱼类是阔节裂头绦虫的中间宿主。近年来，消费者因生食或半生食含有感染期寄生虫的水产品而发生食源性疾病的事件时有发生。2005 年，福建 1 名男子因生食含阔节裂头绦虫裂头蚴的香鱼而感染了阔节裂头绦虫病；2006 年，北京有 100 多人因食用凉拌含广州管圆线虫幼虫的螺肉而患广州管圆线虫病。

二、生物风险的来源

水产品中生物风险的来源主要包括致病性细菌、产毒素真菌、病毒、寄生虫等。

1. 致病性细菌 致病性细菌是目前对水产品质量安全构成最显著威胁的一类生物污染源。水产品中食源性致病性细菌污染除了与养殖水体、水产品的食性有关外，与水产从业人员个人卫生，以及生产、加工、包装、运输、销售过程中的二次污染也有着密切的关系。目前，我国水产品中食源性致病菌污染现状不容乐观。

2. 产毒素真菌 产毒素真菌是影响水产品质量安全的一类生物污染源。其中，在水产养殖、加工、贮藏等环节引起的真菌毒素污染现象最为常见。

引起水产品霉变的丝状真菌主要有曲霉（如灰绿曲霉、棒曲霉、黄曲霉、黑曲霉、米曲霉、土曲霉、烟曲霉）、青霉（如橘青霉）、镰孢菌（如木贼镰孢菌、半裸镰孢菌、腐皮镰孢菌）等。这些霉菌在生长的过程中会产生霉菌毒素，真菌毒素主要有黄曲霉毒素、单端孢霉烯族毒素、镰刀菌烯醇、赭曲霉毒素等。即使是超低剂量的霉菌毒素摄入，也可以造成霉菌毒素及其代谢物在生物体内的蓄积，造成严重的食品安全事故。近年来，水产饲料多用相对廉价的植物蛋白代替动物蛋白，虽使成本降低，但增加了水产饲料受真菌毒素污染的风险。我国南方的气候尤其适宜真菌毒素的生长。以上因素使得水产养殖品面临真菌毒素污染的风险，特别是真菌毒素能随食物链在水产品中蓄积，给公共卫生安全带来极大的风险。

3. 病毒 食源性病毒通常寄生在牡蛎、毛蚶等贝类中。特别是生食或半生食受污染的水产品最容易引起肠道疾病感染，对人体健康造成重大威胁。食源性病毒对水产品的污染存在着季节分布，而且其污染程度与养殖环境、销售市场环境的卫生状况有着密切联系，通常是引起食源性疾病的高危因素。

4. 寄生虫 由于水生环境等因素影响，水产品中寄生虫种类繁多，刺激隐核虫、车轮虫等一些感染鱼类的寄生虫导致鱼体生长缓慢，引发鱼类寄生虫病，但对人体健康无明显危害；只有少数线虫、吸虫和绦虫等人鱼共患寄生虫对人体才会产生危害。近年来，我国水产品中食源性寄生虫污染现状比较严重。例如，2006—2013年深圳市在食源性寄生虫监测中发现，淡水鱼华支睾吸虫（肝吸虫）囊蚴的检出率高达 6.88%，其中草鱼的检出率高达 17.39%，罗非鱼的检出率高达 12.20%；2012—2006 年福建省在市售水产品食源性寄生虫监测中发现，带鱼、海鲫、包公鱼中异尖线虫感染率分别高达 63.04%、38.36% 和 28.57%。食源性寄生虫对水产品污染的加剧无疑增加了消费者因食用被寄生虫感染的水产品而引发食源性寄生虫病的风险。

三、生物风险评价的原则

生物风险评价是科学加强对消费者的保护、科学建立水产品质量安全标准和指南的一个重要手段。水产品中生物风险评价应遵循以下原则：

（1）生物风险评价应完全建立在科学、透明的基础之上。

（2）生物风险评价与风险管理之间应有功能上的区别。

（3）生物风险评价应在结构化体系的指导下进行，包括危害确定、危害特征描述、暴露量评价、风险特征描述。

（4）生物风险评价报告应该清楚地描述其目的，包括作为评价结果的风险评价。

（5）任何影响生物危害风险评价的约束条件，诸如成本或时间等，应该得以确认，并且要描述其可能产生的后果。

（6）生物风险评价应该包括对风险评价期间的不确定性以及产生不确定性的原因的描述。

（7）数据应该能够决定生物风险评价中的不确定性。数据和数据采集系统应尽可能完善和精确，使风险评价中的不确定性得以最小化。

（8）生物风险评价应明确地考虑到微生物和寄生虫在水产品中繁殖、生存和死亡的动态过程，食用后人体与致病因子相互作用的复杂性，以及进一步扩散前致病生物的潜伏性。

（9）在任何可能的时候，应该通过与独立个体的疾病记录的比较，对生物风险评价进行重新评价。

（10）当获得新的相关信息时，需要重新审查生物危害风险评价报告。

四、生物风险对水产品质量安全的影响

食源性致病微生物在水产品生产、加工、贮存、运输过程中能

形成具有抗逆性的生物被膜，严重影响着水产品的质量安全。首先，水产品在捕捞、贮存、运输等过程中，外界或其体表富集的微生物通过鳃部等器官经循环系统进入肌肉组织，也能够通过体表黏液、破损的表皮和肠道等直接侵入机体；然后，微生物在生长繁殖的过程中会分泌产生如蛋白酶、酯酶等代谢产物，不断分解利用水产品体内的蛋白质、脂质、糖类等营养基质，并生产如腐胺、组胺等有毒有害物质。其次，干制水产品在储藏过程中如贮存条件欠佳也容易产生霉变。

此外，在致病微生物和寄生虫引起的水产品质量安全事件中，因水产品携带致病微生物和寄生虫所导致的人鱼共患病已经成为一个严重的公共卫生问题，在人类传染性疾病中占有重要位置，对人类健康的危害及社会经济发展的影响不可轻视。

第二节　水产品细菌性风险评价技术

一、水产品细菌性风险的种类与性质

细菌是自然界常见的一类原核生物，具有"体积小，面积大；吸收多，转化快；生长旺，繁殖快；适应性强，易变异；分布广，种类多"等特性。近年来，随着交通运输的发达、水产品供应的丰富以及人们生活水平的提高，致病菌通过水产品引发食源性疾病的风险也与日俱增。因此，国家对水产品中食源性致病菌的监测力度日益加强。目前，我国各级疾病防控部门在水产品中重点监测的食源性致病菌主要包括：副溶血弧菌、创伤弧菌、霍乱弧菌、溶藻弧菌、河弧菌、沙门菌、金黄色葡萄球菌、蜡样芽孢杆菌、单核细胞增生李斯特菌、致泻大肠杆菌、阪崎肠杆菌、空肠弯曲菌、小肠结肠耶尔森菌、肉毒梭菌、志贺菌、铜绿假单胞菌。除此之外，海关部门监测的水产品中的致病菌还包括：最小弧菌、梅氏弧菌、拟态弧菌、嗜水气单胞菌、温和气单胞菌、豚鼠气单胞菌、杀鲑气单胞菌、维氏气单胞菌、粪肠球菌、铅黄肠球菌、松鼠葡萄球菌、表皮

葡萄球菌、沃氏葡萄球菌、腐生葡萄球菌、人葡萄球菌-人亚种、小牛葡萄球菌、溶血葡萄球菌、恶臭假单胞菌、施氏假单胞菌、类志贺邻单胞菌、肺炎克雷伯菌肺炎亚种、产酸克雷伯菌、产气肠杆菌、少动鞘氨醇单胞菌、费氏柠檬酸杆菌、鲍曼不动杆菌、抗放射不动杆菌、醋酸钙不动杆菌、无害李斯特菌、黏质沙雷菌、居全沙雷菌、液化沙雷菌、奇异变形杆菌、肠膜明串珠菌-右旋葡聚糖亚种、非脱羧勒克菌、环状芽孢杆菌、斯氏普罗威登菌。然而，《食品安全国家标准　食品中致病菌限量》（GB 29921—2013）对水产制品仅规定了沙门菌、副溶血弧菌、金黄色葡萄球菌三种致病菌限量（表 4-1）。

表 4-1　食源性致病菌的特性

致病菌种类	主要分布	主要传播途径	致病性
副溶血弧菌	热带和温带的河口、入海口及沿海区域	食用带菌水产品	急性水样腹泻、呕吐等
创伤弧菌	近海的海水、水生生物及海底沉积物中	食用带菌水产品或伤口接触带菌水产品	突然的发热或发冷、恶心、腹痛、胃肠炎、蜂窝织炎和败血症
霍乱弧菌	水体环境	食用带菌水产品	剧烈的呕吐、腹泻和失水
沙门菌	广泛分布于自然界及寄生于人类和动物肠道内	食用带菌水产品，带菌的加工环境、用具和操作者	伤寒、副伤寒、感染性腹泻、食物中毒
单核细胞增生性李斯特菌	土壤、水域、腐烂的植物、动物粪便和食品加工环境	食用带菌水产品	败血症、脑膜炎等
金黄色葡萄球菌	空气、土壤、水和恒温动物的皮肤、腺体、黏膜	食用带菌的水产品	恶心、呕吐、腹痛、腹泻、眩晕、颤抖、虚脱
肉毒梭菌	缺氧环境如土壤和水环境沉积物、罐头水产品、真空包装及密封腌制水产品	食用带菌腌制灌装水产品	眩晕、视力模糊、四肢麻痹

（续）

致病菌种类	主要分布	主要传播途径	致病性
大肠杆菌	水体环境及人和动物的肠道中	食用带菌水产品或水源	出血性肠炎、溶血尿毒症等
气单胞菌	水环境如地表水、海口、河水、湖泊	食用带菌水产品	腹痛、腹泻、持续低温
邻单胞菌	水环境、鱼、动物和人类肠道	食用带菌水产品	腹泻及肠外感染如脓毒症和脑膜炎等

二、水产品细菌性风险评价技术

1. 水产品食源性致病菌的检测技术

（1）显色培养基技术　显色培养基是一类利用致病菌自身代谢产生的酶与相应显色底物反应显色的原理来检测致病菌的新型培养基。这些显色底物是由产色基团和致病菌部分可代谢物质组成，在特异性酶的作用下，游离出产色基团显示一定颜色，直接观察菌落颜色即可对菌种作出鉴定。显色培养基以选择性强、准确率高而被广泛应用。例如，利用环凯沙门菌显色培养基和科玛嘉沙门菌显色培养基检验水产品中沙门菌，通过在环凯沙门菌显色培养基和科玛嘉沙门菌显色培养基上分别显示出的"紫红色、边缘光滑湿润整齐的菌落"和"品红色、边缘光滑湿润整齐的菌落"鉴定沙门菌；利用科玛嘉弧菌显色培养基和环凯弧菌显色培养基检验水产品中的弧菌，通过在科玛嘉弧菌显色培养基上形成的"蓝色、蓝绿色到绿色菌落"和"粉紫色菌落"鉴定霍乱弧菌和副溶血弧菌，在环凯弧菌显色培养基上形成的"绿色到蓝绿色菌落"和"红色菌落"鉴定霍乱弧菌和副溶血弧菌。

（2）PCR 技术　PCR 主要分为常规 PCR、多重 PCR、实时荧光定量 PCR 等。PCR 技术具有灵敏、快速准确、特异性强、应用范围广等优点，在水产品致病菌的检测中得到了广泛推广。

多重 RT-PCR 检测技术对水产品中副溶血弧菌检出率为39.13%，单核细胞增生性李斯特菌检出率为 20.65%。通过与国标方法进行比对，实时荧光定量 PCR 技术对副溶血弧菌的检测符合率可达 100%。采用 Taqman MGB 实时荧光 PCR 法快速定量检测水产品中沙门菌，反应特异性为 100%，其中对江瑶贝和蚬子肉中添加肠炎沙门菌的检测低限为 130CFU^①/mL，对香螺肉中添加肠炎沙门菌的检测低限为 1 300CFU/mL。

（3）环介导等温扩增技术　环介导等温扩增（LAMP）技术是一种新型的体外核酸扩增技术，在等温条件下，利用一种具有自动链置换活性的 Bst DNA 聚合酶和一组特异性引物，对靶 DNA 序列进行快速扩增，1h 左右可合成 $10^9 \sim 10^{10}$ 拷贝的靶 DNA 序列。LAMP 技术具有简便、快速、扩增效率和特异性高等特点。

通过优化环介导等温扩增技术检测水产品副溶血弧菌的方法，检测限可达 1CFU/mL，特异性强，无假阳性；建立环介导等温扩增技术可同时快速检测水产品中副溶血弧菌和霍乱弧菌，对副溶血弧菌和霍乱弧菌 DNA 的检测敏感度可达 3.12fg，且与其他常见的细菌株无交叉反应，特异性为 100%，检测限可达 50CFU/mL。将逆转录-环介导等温扩增技术与可视化检测手段结合的 RT-LAMP 检测方法，最低检出限为 5.4copies/反应，比 PCR 检测方法高 200 倍，同时结合 SYBR-GreenⅠ染色，通过目测就可以直接鉴别水产品中荧光假单胞菌，使得检测结果更加直观，简便可行。

（4）基因芯片技术　基因芯片是 20 世纪 90 年代中期从传统的基于膜杂交检测 DNA 的 Southern Blot 和检测 RNA 的 Northern Blot 技术进一步发展而来的，融微电子学、生物学、物理学、化学、计算机科学为一体，在大量节省人力、时间、费用的同时，能够同时将大量的探针分子固定到固相支持物上，借助核酸分子杂交配对的特性对 DNA 样品的序列信息进行高效的解读和分析。基因芯片技术作为一种快速、高通量、高效率的检测工具在水产品食源菌种的检测中得到了应用。

利用基因芯片技术，以细菌 16S rDNA 和 23S rDNA 为靶序列

---

① CFU 为菌落形成单位。——编者注

筛选引物和探针，建立快速、准确的检测水产食品中肠道致病菌的方法。建立的基因芯片系统可以准确而稳定地实现对单核细胞增生利斯特菌、副溶血弧菌、霍乱弧菌、金黄色葡萄球菌、弗氏志贺菌、鼠伤寒沙门菌和肠出血性大肠杆菌 O157：H7 7 种水产食品中常见致病菌的通用检测，以鼠伤寒沙门菌为对象，方法的检测灵敏度可达到 10～3CFU/mL，实际检测模拟污染的样本的正确率达到 100%。

（5）免疫磁珠分离技术 免疫磁珠分离技术最早出现于 20 世纪 70 年代，基本原理是将磁性材料合成的均一超顺磁微球与经过亲和层析的抗体结合，从复合悬浊液中捕捉和分离目标，其检出限理论上可以达到每克 1～10 个细菌，被认为是检测多种微生物敏感而简单的方法。

基于生物发光的原理，借助于免疫磁珠分选（IMS）技术平台，通过建立适用于水产品致病菌检测的细菌荧光素酶-NADH：FMN 氧化还原酶体系，可对水产品中单核细胞增生性李斯特菌、鼠伤寒沙门菌进行快速识别检测。

2. 水产品中食源性致病菌风险评价的预测模型与工具 微生物预测模型、剂量-效应模型和其他一些风险评价工具通常被应用于微生物风险特征描述阶段，评价特定危害对特定人群产生的影响，已经成为水产品中食源性致病菌定量风险评价的两个重要组成部分。

（1）微生物预测模型 预测微生物学是一门运用数学模型定量描述特定环境条件下微生物的生长、存活和死亡动态的学科。微生物预测模型分为一级模型、二级模型和三级模型 3 个级别。其中，一级模型用于描述一定生长条件下微生物生长、失活与时间之间的函数关系。二级模型表达由一级模型得到的参数与环境因素之间的函数关系。二级模型中的平方根模型因使用方便、参数单一，能很好地预测温度等环境因素对微生物最大生长速率、迟滞期的影响，成为最常用的二级模型之一。三级模型主要是指建立在一级和二级模型基础上的计算机软件程序，用于预测相同或不同环境条件下同一种微生物的生长或失活情况。

（2）剂量-效应模型　剂量-效应模型是水产品食源性致病菌风险评价中危害特征描述阶段涉及的重要模型，被用来描述个体或群体的危害暴露水平与不良健康（如感染、疾病、死亡）之间的关系。例如，指数模型和β-泊松模型均采用了模型参数来表示细菌与宿主相互作用的不确定性。召集人类志愿者并进行人体实验是建立剂量-反应模型较准确的方法，但由于法律限制及实践过程中复杂的申请程序，采用人体实验构建准确的剂量-效应模型仍存在较大困难。

FDA 2000 年公布了一项针对未加工贝类中副溶血弧菌的评价草案，应用 βPoisson，Gompertz 和 Probit 模型模拟了剂量-效应关系，预测墨西哥湾岸区在冬季、春季、夏季和秋季的疾病平均发生数分别为 25 起、1 200 起、3 000 起、400 起，疾病的全国性平均风险为 4 750 例。目前，我国已完成的风险评价项目中，一般参考国外相关文献中根据食源性疾病暴发数据或实验数据总结建立剂量-效应模型。

（3）其他　除上述水产品中食源性致病菌风险评价的预测模型之外，时间序列模型也是可被应用于微生物风险评价的另一新的有力工具，如应用时间-序列模型预测食源性弯曲杆菌的风险等，可作为微生物风险评价中估计疾病负担的另一补充方法，为水产食源性疾病的监管和控制提供有效的科学依据。此外，预测软件是开展风险评价的重要工具，预测食源性致病菌在水产食品链中的消长变化。国内外开展食源性致病菌风险评价研究的常用软件包括：①Risk Ranger 软件，用于开展半定量风险评价；②sQMRA 软件，用于快速微生物定量风险评价，从零售阶段开始，通过分析与致病菌增殖和传播相关的关键因素，获得该食物-致病菌组合导致的感染和发病人数；③@risk 软件，用于开展定量微生物风险评价；④iRISK软件，用于开展风险分级及比较不同的干预及控制措施对公众健康风险的影响。在开展微生物风险评价时，需根据研究目的、科学问题、可获取的数据类型选择应用软件，以便快速、结构化、定量或定性地开展风险评价。

三、水产品细菌性风险的控制技术

1. 超高压杀菌技术 水产品超高压杀菌技术是将水产品置于压力系统中，以水或其他液体作为传压介质，采用 100MPa 以上的压力处理，对细菌细胞形态结构造成明显的损伤，破坏细菌细胞膜蛋白的高级结构、ATP 酶活性和细菌细胞膜的通透性，引起无机盐等内含物的流失，以达到杀菌的目的。目前，超高压处理技术因其具有良好的杀灭致病菌效果在水产品加工中得到了广泛应用。采用 300MPa 及以上的压力处理鱼丸中的副溶血弧菌，副溶血弧菌的致死率可达 100%。

2. 臭氧杀菌技术 臭氧具有强氧化性和抑菌杀菌能力，通过破坏细菌细胞的结构和内源酶以达到杀菌的目的。目前，臭氧因其作用于水产品后能分解成氧气，无残留，因而被广泛应用于水产品贮藏前期的减菌化处理。

3. 辐照杀菌技术 辐照杀菌技术是指利用一定剂量波长极短的电离射线（如 X 线、γ 射线、电子射线）对水产品进行照射杀菌的处理技术。辐照杀菌机理主要有直接和间接效应两个方面。直接效应是指细菌细胞的细胞质受到高能射线照射后发生了电离和化学作用，使细胞内的物质形成了离子、激发态或分子碎片。间接效应是水分在受到高能射线辐射后，电离产生了各种游离基和过氧化氢，这些物质再与细胞内其他物质相互反应，生成了与细胞内原始物质不同的化合物。这两种效应共同作用导致细菌死亡，达到杀菌目的。辐照杀菌技术作为一种冷物理处理技术，可有效解决水产品中致病菌超标问题，而且不存在每日允许摄入量的限制和有害物质残留问题，不破坏水产品的结果和营养价值，因而应用较为广泛。X 射线辐照（2.0～5.0kGy）处理即食虾后，即食虾中大肠杆菌 O157：H7、沙门菌和副溶血弧菌的数量均低于检出限。以 1.0kGy γ 射线处理牡蛎，可使副溶血弧菌的数量减少 6log CFU/g。

对水产品进行辐照杀菌的杀菌剂量要在安全剂量范围内，如我国冷冻水产品辐照杀菌工艺的农业行业标准（NY/T 1256—2006）规定了冷冻水产品的辐照工艺剂量为 4～7kGy，否则会对消费者的身体健康造成威胁。

4. 电解水杀菌技术　电解水是将稀食盐溶液在电场作用下，经电解作用生成的氧化还原电位水，因其具有瞬时、高效、安全、无残留的杀菌特点，故作为一种实用易操作的水产品消毒方法。目前，国内外关于电解水的应用研究，绝大部分集中在强酸性电解水（pH＜2.7）方面，但强酸性电解水制造成本相对较高，腐蚀性较大，同时有效氯极其不稳定，因而限制了其应用范围。因此，电解水杀菌技术研究正逐步转向偏中性、低有效氯含量的弱酸性电解水。

5. 高密度二氧化碳杀菌技术　高密度二氧化碳杀菌技术是一种在压力小于 50MPa 的条件下，利用高密度二氧化碳的分子效应达到杀菌作用的新型的非热杀菌技术。目前，高密度二氧化碳杀菌技术的作用机理尚未明确，但认为可能与"降低水产品的 pH，二氧化碳分子和碳酸氢盐离子对细菌细胞具有抑制作用，对细胞细胞膜的物理性破坏，改变细菌细胞膜的通透性"等因素有关。目前，高密度二氧化碳杀菌技术主要应用于贝类和虾的杀菌处理。

6. 生物杀菌技术　生物杀菌技术是指利用生物保鲜剂的抗菌作用来对水产品进行杀菌处理的一种非热杀菌技术。其中，生物保鲜剂主要是从动植物、微生物中提取的天然的或利用生物工程技术改造而获得的对人体安全的保鲜剂，如茶多酚、壳聚糖、溶菌酶、乳酸链球菌素、中草药等。目前，生物杀菌技术在水产品中的应用已经得到了广泛研究。生物杀菌技术具有低剂量、强杀菌、安全无毒和药效持久等优点，但生物保鲜剂的开发成本较高，在一定程度上影响了其推广应用。

第三节　水产品真菌性风险评价技术

真菌毒素是一类由真菌产生的次级代谢产物，又称为"霉菌毒素"，目前已知的真菌毒素有 300 多种。真菌毒素不但能导致农产品霉败、产品品质降低及营养物质损失，而且能通过抑制生物体内 DNA、RNA、蛋白质和各种酶类的合成及破坏细胞结构而引起真菌毒素中毒。真菌毒素广泛污染农作物、饲料及食品等植物源产品，且耐高温，其对农作物的污染几乎是不可避免。

一、水产品真菌性风险种类和性质

我国农产品和饲料中常见的、危害性较大的真菌毒素主要有黄曲霉毒素、单端孢霉烯族毒素、镰刀菌烯醇、赭曲霉毒素等。

1. 黄曲霉毒素 黄曲霉毒素（Aflatoxin，AFT）是一类化学结构相似的化合物，熔点在 200～300℃，耐高温，一般煮沸不能将其结构破坏；在紫外线（365nm 左右）照射下会发荧光，均为二氢呋喃香豆素的衍生物，主要是由黄曲霉（*Aspergillus flavus*）、寄生曲霉（*Aspergillus parasiticus*）产生的次生代谢产物。

AFT 是真菌毒素中毒性最大、危害最严重的一类真菌毒素。AFT 对动物具有致畸性、致癌性和致死毒性，并且对免疫和生殖系统均具有损伤，其中黄曲霉毒素 B_1 毒性最强，是氰化钾的 10 倍，分子式为 $C_{17}H_{12}O_6$，分子质量为 312.27，化学结构见图 4-1，耐高温，分解温度在 268℃以上，低温下结构稳定。在湿热地区的饲料中出现 AFT 的概率最高，对于水产品的安全风险也最高。

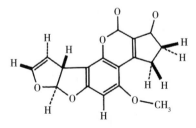

图 4-1　AF B_1 的化学结构

2. 单端孢霉烯族毒素 单端孢霉烯族毒素的代表种类是 T-2

毒素。T-2 毒素〔化学名：4，15-二乙酰氧基-8-（异戊酰氧基）-12，13-环氧单端孢霉-9-烯-3-醇；分子式：$C_{24}H_{34}O_9$〕是由多种真菌，主要是三线镰刀菌产生的一种单端孢霉烯族 A 类化合物（Trichothecenes A），其化学结构见图 4-2。

T-2 毒素是常见的污染田间作物和库存谷物的主要毒素，对人、畜危害较大。此外，T-2 毒素能够引起急性、亚急性和慢性中毒。2003 年我国谷物中 T-2 毒素的检出率已达到 80%。1974 年WHO 把 T-2 毒素列为最危险的天然污染源之一。近年来，饲料受到 T-2 毒素的污染限制了水产饲料行业的发展，且 T-2 毒素可通过食物链传递危害人类健康。

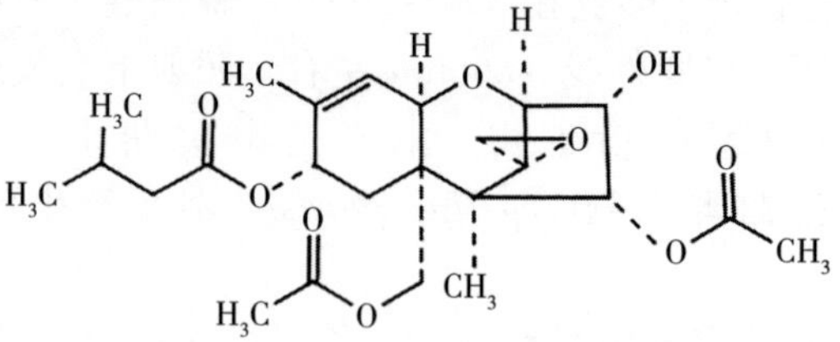

图 4-2　T-2 毒素的化学结构

3. 呕吐毒素　呕吐毒素（Deoxynivalenol，DON），又称脱氧雪腐镰孢菌烯醇，为雪腐镰孢菌烯醇的脱氧衍生物，化学名为 3α，7α，15-三羟基草镰孢菌-9-烯-8-酮，分子式 $C_{15}H_{20}O_6$，分子质量为296，为无色针状结晶，熔点为 151～153℃，易溶于水、乙醇等溶剂，性质稳定，耐酸，具有强热抵抗力，121℃高压加热 25min 仅有少量被破坏，属单端孢霉烯族化合物，其化学结构见图 4-3。

呕吐毒素由禾谷镰孢菌产生，常出现在玉米（穗腐病）、小麦

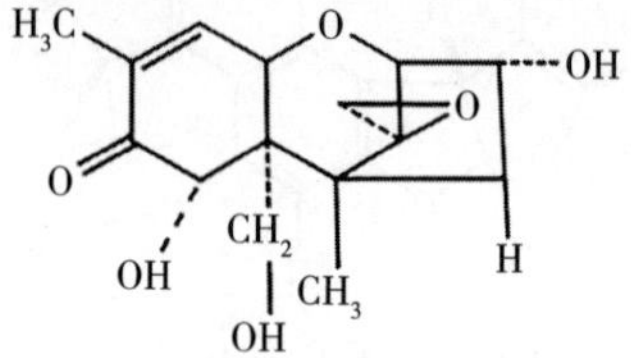

图 4-3　呕吐毒素的化学结构

和大麦（赤霉病）上。因为它可以引起猪的呕吐而得名，对人体健康有一定危害作用，在欧盟分类标准中为三级致癌物。我国饲料和饲料原料中 DON 的超标率和检出率都很高。2009—2010 年中国部分省市饲料中 DON 的检出率是 100%，最高含量可达 1.85pg/kg。

4. 赭曲霉毒　赭曲霉毒素（Ochratoxin，OT）是由青霉属和黄曲霉属的霉菌产生的一类次级代谢产物，包括 7 种结构类似的化合物，其中赭曲霉毒素 A（OTA）最常见的，毒性最强，耐热性也强，OTA 的化学结构见图 4-4。

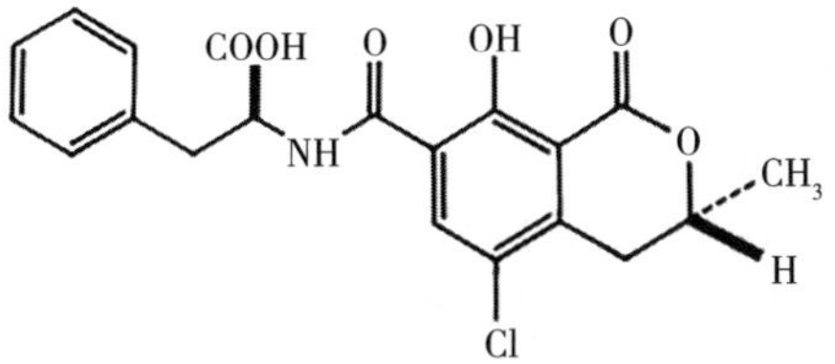

图 4-4　赭曲霉毒素的化学结构

我国《粮食卫生标准》（GB 2715—2005）对谷类、豆类中 OTA 的限量标准为小于 5.0pg/kg，并推荐其检测方法为国家标准《谷类物和大豆中赭曲霉毒素 A 的测定》（GB/T 5009.96—2003）。

OTA 可污染玉米、谷物和油菜籽，广泛分布于饲料及饲料原料中，当人畜摄入被 OTA 污染的食品或饲料后，就会发生急性、慢性中毒，动物进食被 OTA 污染的饲料后毒素在体内蓄积，由于其在动物体内的稳定性，不易被代谢降解，动物性食品，尤其是肝脏、肌肉、血液中常有 OTA 检出。处于成长期的虹鳟 OTA 的口服半致死剂量（LD_{50}）为 4.67mg/kg。虹鳟的 OTA 毒素中毒症状包括肾脏肿胀、肝脏坏疽、苍白和高死亡率。

二、水产品真菌性风险污染概况

1. 水产养殖环境中真菌毒素污染　镰孢菌属于半知菌亚门，丝孢纲，广泛存在于湖泊、土壤中，其分布的地区几乎是世界性的。镰孢菌是十足目甲壳类的一种危害很大的病原，在海水中的各种对虾和龙虾都可受感染；淡水的罗氏沼虾甚至鲤都可受感染，但斑节对虾对它有高度的抵抗力。我国于 1985 年 12 月在河北省人工越冬期的中国对虾上首次发现镰孢菌病，1987 年 4 月在浙江省人工越冬期病虾上第一次分离到该病菌；此后，又陆续在山东、江苏、辽宁等省的多处对虾越冬场分离到。

2012 年，我国科学家从对虾养殖环境中分离筛选出产 T-2 毒素的镰孢菌，并获得了纯度较高的镰孢菌代谢产物——T-2 毒素，有利于我国有效摆脱依赖国外进口价格昂贵的 T-2 毒素标准品问题。大量研究结果表明，凡纳滨对虾受到 T-2 毒素污染威胁大。

2. 水产饲料中真菌毒素污染　近年来，由于水产饲料的生产逐渐以廉价的植物蛋白取代动物蛋白，在降低生产成本的同时也增加了真菌毒素污染的风险。水产饲料中多为谷物，且水产养殖发达地区多为南方沿海城市，湿热的环境与气候增加了饲料发霉的风险。这些产毒真菌主要包括曲霉菌属（*Aspergillus*）、青霉菌属（*Penicillium*）和镰孢菌属（*Fusarium*）等。真菌可影响饲料的质地、颜色、气味和风味及化学组成和营养价值。

目前，大多数饲料企业都把黄曲霉毒素检测作为其危害分析和关键控制点（Hazard analysis and critical control point，HACCP）的内容。

值得注意的是，作为水产饲料原料的玉米、油脂也是真菌污染的主要对象，其中黄曲霉毒素、呕吐毒素和玉米赤霉烯酮的检出率也极高。

我国先后制定了黄曲霉毒素、赭曲霉毒素、玉米赤霉烯酮、呕吐毒素、T-2 毒素 5 种真菌毒素的检测方法和限量标准；制定了饲料中各真菌毒素的限量标准：黄曲霉毒素 B_1、T-2 毒素、赭曲霉毒素 A 和呕吐毒素的最低检出限为分别为 $10\mu g/kg$、$100\mu g/kg$、$1\,000\mu g/kg$ 和 $100\mu g/kg$。

三、水产品真菌性风险病理、毒理学及代谢动力学特征

1. 真菌风险的病理特征　水产养殖动物食用含有真菌毒素的

饲料后会导致其生长率降低，饲料转化率下降，并引起生理失调和组织学病变。真菌毒素对于水产养殖动物具有潜在的高风险，水产养殖经济效益随真菌毒素污染而大为降低。

T-2 毒素作为污染饲料的真菌毒素之一，暴露于凡纳滨对虾后会导致其生长速度减慢、出现免疫抑制作用、对特定靶器官损伤、死亡等症状。T-2 毒素急性暴露于凡纳滨对虾后，死亡率随暴露剂量增大而增加；低剂量暴露后肌节间隙变小，高剂量暴露后肌节间隙变大，肌纤维小片化严重，最后呈现溶解状态。此外，T-2 毒素还具有明显的基因毒性及细胞毒性，通过水产品暴露于人体后会导致食物性中毒症状，白细胞缺乏症、DNA 和蛋白质合成受抑制等，还会干扰膜磷脂的代谢，增加肝脏中的脂质过氧化。

饲料中污染 DON 后，鲤鱼氧自由基的产生和抗氧化防御受到影响，在暴露 DON 26d 后，白细胞精氨酸酶的反应增加，发生亚慢性毒性反应。

2. 真菌风险的毒理特征 以 T-2 毒素为例，小泛素样修饰物、精氨酸激酶、磷酸丙糖异构酶、抑制蛋白、精氨酸激酶 B 链、热休克蛋白和卵黄原蛋白，可能是其抑制对虾蛋白合成的作用靶点。

其中，小泛素样修饰物属多功能蛋白，通过负调控作用使转录受到抑制，蛋白质合成受到影响。磷酸丙糖异构酶在糖酵解过程中起重要作用，是产生有效能量必不可少的。高剂量 T-2 毒素使磷酸丙糖异构酶表达量下降，体内能量供应不足，使对虾免疫系统受到损害后无法修复导致机体出现中毒症状。热休克蛋白是机体受到应激反应后产生的一种蛋白质，热休克蛋白通常表达水平较低，当对虾机体暴露在高剂量 T-2 毒素下，对虾自身不足以修复损伤而导致永久性变化后，热休克蛋白表达恢复正常。卵黄原蛋白是一种糖蛋白，具有凝血、转运、抗病原入侵和酶解等生物活性，在免疫防御方面有其独特的作用。卵黄原蛋白随 T-2 毒素暴露剂量的增高呈先上升后下降趋势，表明低剂量的 T-2 毒素对对虾免疫系统具有刺激作用，而高剂量 T-2 毒素毒性过强，导致对虾免疫系统严重受损。

精氨酸激酶是甲壳类动物调节能量代谢最关键的酶之一，中高剂量的 T-2 毒素刺激下精氨酸激酶的蛋白质点消失，与其他蛋白质相比对中高暴露剂量 T-2 毒素有明显特异差异，很可能是 T-2 抑制蛋白质或损失变异所致。

3. 真菌风险的代谢动力学特征 以 T-2 毒素为例，肌内注射 T-2 毒素后，探究凡纳滨对虾血液中 T-2 毒素浓度对数随时间变化规律。血液中的浓度呈平稳下降趋势，用消除速率法计算得到对虾血液中 T-2 毒素的 $T_{1/2}$ 为（9.64±0.537）min。

T-2 毒素迅速通过染毒部位扩散到对虾血液中，30min 时血液中 T-2 毒素浓度达到最高，随后 T-2 毒素通过生物转运到其他组织中，浓度开始下降，1h 后出现大幅下降。与此同时，血液中的 HT-2 毒素呈先上升后再下降的趋势，说明血液中的 T-2 毒素水解酶将其转化为 HT-2 毒素，1h 后的大幅下降缘于外周组织的富集效应。

对虾肝微粒体对 T-2 毒素的固有清除率较低，说明对虾对 T-2 毒素的代谢能力较弱，T-2 毒素对对虾的危害较大。

T-2 毒素在对虾肝微粒体中的主要代谢产物有 HT-2，3′-OH-HT-2。T-2 毒素在对虾肝微粒体中含量随着孵育时间的增加而缓慢减少，同时 HT-2 毒素代谢产物含量则缓慢增加。

四、水产品真菌性风险评价技术

采用痕量检测技术可以评价水产品中真菌毒素残留风险。以 T-2 为例，现有的检测方法大致可分为生物测定法和物理化学测定法。

生物测定法有皮肤毒性试验、致呕吐试验、培养细胞毒性试验、动物细胞毒性试验、植物细胞生长抑制试验、放射免疫测定和酶联免疫吸附测定等。生物测定法较简单，但耗时长，且无法准确定量，现在已很少使用。物理化学测定法主要有薄层色谱法、气相色谱法、液相色谱法、气相或液相与质谱联用法。其中薄层色谱法因为不能准确定量而使用受限；气相色谱法和液相色谱法往往需要对毒素进行衍生，步骤烦琐；相比之下，高效液相与质谱联用技术（LC-MS，LC-MS/MS）是近年来使用较广泛的检测技术，由于较其他方法具有更高的灵敏度和更低的检出限，且操作简单，成为评价水产品中真菌毒素风险的最有效手段。

利用 LC-MS/MS 可有效监测对虾血液、头部、肌肉、外壳、肝胰腺和肠道组织中的 T-2 毒素与 HT-2 毒素，T-2 毒素和 HT-2 毒素的回收率分别为 86 38%～112.49%、84.29%～106.23%；T-2 毒素和 HT-2 毒素的相对标准偏差分别为 1.95%～9.03%、1.21%～10.11%。

五、水产品真菌性风险控制技术

水产饲料的防霉脱毒是控制水产品中真菌性风险的根本措施。

1. 物理吸附脱毒控制技术 某些矿物质能够吸附或阻留真菌毒素分子，可将毒素从动物的吸收和消化过程中分离出来。活性炭、酵母细胞壁产物、沸石和陶土（如钠基膨润土和海泡石）都不同程度具有这种能力，当然这种能力取决于本身和对象的纯度和特性。

2. 防霉剂控制技术 常采用的防霉剂有丙酸及其盐类、山梨酸及其盐类、苯甲酸等。防霉剂在饲料中须分布均匀，抑制剂的载体颗粒必须足够小。饲料中的蛋白质或矿物质添加剂会降低丙酸的抑菌效果。

还可用酶来灭活玉米赤霉烯酮及 T-2、HT-2、DON 等。酶可通过分解真菌毒素分子中的功能性原子团，把真菌毒素转化为无毒。其中酯酶可分解玉米赤霉烯酮分子的内酯环，而环氧酶则可分解单端孢霉烯族毒素类分子中的环氧基团，如茶多酚被证明可作为添加入饲料以降低真菌毒素对水产动物机体损伤的良好酶诱导剂。

3. 营养强化控制技术 动物体内的肝脏具有解毒功能，可对真菌毒素进行解毒。如肝脏可利用基于谷胱甘肽的生物氧化还原反应对黄曲霉毒素进行解毒。黄曲霉毒素的危害之一就是耗竭代谢水平的谷胱甘肽，从而危害动物的生长和其他性能。

营养性添加剂同样也可减轻真菌毒素的危害。例如，在感染赭曲霉毒素的罗非鱼日粮中添加维生素 C 可以使肝脏功能恢复正常，提高血红蛋白水平。强化日粮中维生素 E 的同时可以减轻黄曲霉毒素对鲤的影响。添加烟酸和烟酰胺，可以加强谷胱甘肽转移酶活力，同 T-2 毒素解毒有关的酶——葡萄糖醛酸转移酶的活性也随烟酰胺的增加而加强。

4. 微生物分解控制技术　某些微生物，如禾谷镰孢菌（*Fusarium graminearum*）、死谷芽孢杆菌（*Bacillus vallismortis*）、蜡状芽孢杆菌（*Bacillus cereus*）、阴沟肠杆菌（*Enterobacter cloacae*）、弯曲假单胞菌（*Pseudomonas geniculata*）和尼泊尔葡萄球菌（*Staphylococcus nepalensis*）具有降解 T-2 毒素的能力，对 T-2 毒素的降解率最高可达 90％以上。

5. 紫外线辐射及其他控制技术　紫外线可有效破坏某些真菌毒素。现在利用较多的霉菌脱毒方法是氨化法，用以破坏黄曲霉毒素。以真菌混合毒素（T-2 和 AFB_1）为原料，采用紫外线辐照的方法降解真菌混合毒素，紫外线对 T-2 毒素的降解不显著，但对 AFB_1 的降解率最高可达 80％以上。此外，应用加热、加压技术，可以在潮湿的条件下破坏大多数真菌毒素。不同真菌毒素热敏感性不同，导致所需的加热时间长短和温度高低各不相同。

第四节　水产品病毒性风险评价技术

一、水产品病毒性风险的种类与性质

病毒是一类由核酸和蛋白质等少数几种成分组成的超显微非细胞生物，是能以感染态和非感染态两种形式存在的病原体，既可以通过感染宿主并借助其代谢系统大量复制自己，又可以在离体条件下以生物大分子状态长期保持其感染活性。一般来说，病毒具有以下特性：①形态极其微小，能通过细菌滤器；②没有细胞构造，其主要成分仅为核酸和蛋白质；③每一种病毒只含有一种核酸，既无产能酶系，也无蛋白质和核酸合成酶系，只能利用宿主活细胞内现成代谢系统合成自身的核酸和蛋白质组分；④以核酸和蛋白质等元件装配实现自身大量繁殖，在离体条件下以无生命的生物大分子状态存在，并可长期保持其感染活力；⑤对一般抗生素不敏感，对干扰素敏感；⑥有些病毒的核酸还能整合到宿主的基因组中，诱发潜伏性感染。水产品中常见的食源性病毒主要有诺如病毒（诺瓦克病毒）、轮状病毒、札如病毒、星状病毒、甲型肝炎病毒、戊型肝炎病毒、脊髓灰质炎病毒、肠道腺病毒等，这些病毒不仅是食品卫生领域中危险的微生物有害因子，也是对人类公共卫生和营养健康水平的重大威胁。因此，加强水产品中病毒性风险的评价对解除公众对水产品行业安全监管体系的信任危机具有重要的意义。

二、水产品中病毒性风险评价技术

1. 水产品中食源性病毒的洗提、浓缩和核酸提取 由于水产品中病毒的浓度非常低，因此在检测前首先要对病毒进行浓缩和富集。而且食源性病毒的成功检测与否取决于样品经处理后，病毒能否有效活化，能否得到纯度较高且完整的核酸。从水产样品中提取病毒用得较多的洗提液有甘氨酸溶液、硼酸盐缓冲液、生理盐水牛肉提取物、生理盐水牛肉-Feron 试剂。病毒浓缩法有免疫磁珠吸附法、正电荷滤膜法、沉淀法等。对病毒核酸的裂解纯化除了运用常规的去垢剂和胍类试剂外，还可用磁珠-寡聚核苷酸杂交法分离RNA、柱层析法、抗原捕获等方法。例如，有人使用缓冲液和聚乙二醇将甲肝病毒从贝类样品中洗脱并沉降下来，再从此病毒悬液中提取 RNA，一方面减少了贝类中蛋白和脂肪对 RT-PCR 的干扰，另一方面使样品中总体积从 175mL 浓缩至几毫升，富集后的病毒悬液中病毒浓度大大提高。

2. 水产品中食源性病毒的检测技术

（1）荧光定量 RT-PCR 技术 RT-PCR 是将 RNA 的反转录（RT）和 cDNA 的聚合酶链式扩增（PCR）相结合的技术。随着越来越多的科技人员对这一技术研究的加深，在普通 RT-PCR 的传统技术基础上进行改进，催生出了新型的多重实时荧光 RT-PCR

技术和单管半套式 RT-PCR 技术，为实现快速、准确的检测水产品中的病毒带来了希望。目前，荧光定量 RT-PCR 是水产品中食源性病毒检测的主要手段。

（2）基因芯片技术　基因芯片将大量探针分子固定于支持物上后与标记的样品分子进行杂交，通过检测每个探针分子的杂交信号强度进而获得样品分子的数量和序列信息。通常采用寡核苷酸原位合成或显微打印手段，将数以万计乃至百万计的特定序列的 DNA 片段，有规律的排列固定于 $2cm^2$ 的硅片、玻片等支持物上，构成一个二维 DNA 探针阵列，借助激光共聚焦显微扫描技术对杂交信号进行实时、灵敏、准确、高效的检测。随着高度信息化、快捷化的现代社会对水产品中食源性病毒检测要求越来越高，具有高通量、微型化、自动化和信息化技术特点的基因芯片顺应时代的发展，成为水产品中食源性病毒检测的一个有效手段。

2. 水产品中病毒性风险评价的模型　模型是水产品中病毒性风险评价的重要工具。一般来说，水产品中病毒性风险评价的模型主要是建立在水产品中食源性病毒检测数据的基础上。在水产品病毒性风险评价过程中，食源性病毒定量检测技术的灵敏度与检出限水平、参考国外建立模型的适用性是降低评价结果不确定性的主要途径。

三、水产品病毒性风险控制技术

1. 超高压处理技术　超高压处理技术是指将水产品经软包装后放入液体介质（如水等）中，使用 $100\sim1\,000MPa$ 压力在常温或低温条件下作用一段时间，从而达到杀灭病毒的目的。近年来，超高压处理技术用于水产品中病毒杀灭的应用已经成为国内外的研究热点。利用超高压可以显著使对人有致命危害的诸如病毒失活。

2. γ 射线辐照处理技术　γ 射线来自核的转变，由光子组成，在放射性衰变过程中所形成的子核处于激发和不稳定状态，当由高激发态跃迁回到低激发态时即释放出 γ 射线。常用的 γ 射线放射源有两种：钴 60 和铯 137。γ 射线辐照因具有穿透力强、辐照后无残留毒性、方法简便、节能等优点而在水产品中病毒灭活方面得到了应用。例如，用钴 60 辐照处理污染有甲肝病毒、轮状病毒的蛤蜊、牡蛎，可明显降低它们体内甲肝病毒、轮状病毒的数量。

第五节　水产品寄生虫性风险评价技术

一、水产品寄生虫性风险的种类与性质

寄生虫是一类具有致病性的低等真核生物，可作为病原体，也可作为媒介传播疾病，其特点是种类多、分布广、感染高、危害大。目前，水产品中寄生虫性风险呈现日趋严重的趋势。从上海的"毛蚶风暴"到北京的"福寿螺事件"，均反映出水产品质量安全问题所产生的社会影响。众所周知，人类离不开水产品，但由于不良饮食习惯，被食源性寄生虫污染的水产品引起的食源性寄生虫病已经成为日益严重的公众卫生问题。目前，存在于我国水产品中且对人类健康危害较大的寄生虫主要有华支睾吸虫、卫氏并殖吸虫、斯氏狸殖吸虫、棘口吸虫、异形吸虫、广州管圆线虫、异尖线虫、粪类圆线虫、棘颚口线虫、毛细线虫、阔节裂头绦虫、曼氏迭宫绦虫等。这些食源性寄生虫对人类的健康极具危害性，能够寄生在人体各个器官内，对人体器官造成严重危害。

二、水产品寄生虫性风险评价技术

1. 水产品中食源性寄生虫的检测技术

（1）传统检测技术　水产品中食源性寄生虫传统检测主要是借助于显微镜进行寄生虫形态学观察，根据其形态特征做种属鉴定。这些传统检测方法主要包括直接压片镜检法、灯检法、直接沉渣镜检法、蛋白酶消化法等。

（2）PCR 检测技术　PCR 检测技术具有高度敏感性和特异性等特点，在生物鉴定中被广泛使用，且无须镜检和专家鉴定，是食品寄生虫检测中除病原学检测外使用最多的方法，尤其对于检测食品或环境样品中的原虫包囊或卵囊，PCR 是主要检测技术。

（3）实时荧光定量 PCR 技术　实时荧光定量 PCR 是通过将荧光探针或荧光色素结合至 PCR 反应混合物而无须随后的凝胶电泳，在一台仪器内同时扩增靶序列和分析产物，利用荧光信号累积实时监测整个 PCR 进程，最后通过标准曲线对未知模板进行定量分析。实时荧光定量 PCR 技术自动化程度高，较普通 PCR 用时短，且采用了完全闭管检测，无须 PCR 后处理，污染少，敏感性和特异性高。应用实时荧光定量 PCR 对鱼源性寄生虫中最常见的华支睾吸虫进行检测，对华支睾吸虫的灵敏性达到了 $1.37 \times 10^{-5} \mathrm{ng/\mu L}$。

（4）经化学试剂特殊处理的棉纤维卡片（FTA）技术　经化学试剂特殊处理的棉纤维卡片（FTA）技术是利用 FTA 卡收集样品并提取、纯化核酸，进行后续的 PCR 扩增分析。FTA 卡是经过专利化学配方浸制的一种滤膜，在过滤基质中包埋有蛋白质变性剂、螯合剂和自由基捕捉剂的特殊干燥化学试剂混合物。其原理是：样品中的感染性病原体接触 FTA 后裂解失活，病原体中的核酸与 FTA 基质紧密结合，并经 FTA 纯化试剂清洗、纯化，然后被洗脱下来进行后续 PCR 扩增。

将 FTA 技术应用于水产品吸虫囊蚴的检测灵敏度达到每 1g 样品 1 个囊蚴。FTA 技术处理样品仅需 15～30min，较普通 PCR 减少 4～16h，快速检测特点突出，且 FTA 卡携带方便，在室温下可以长期保存，操作简单、方便，实用性强，非常适合在野外或是试验条件较差的现场使用。

（5）环介导等温扩增（LAMP）技术　环介导等温扩增（LAMP）技术是通过能识别靶序列上 6 个位点的 4 个特殊设计的引物和一种具有链置换活性的 DNA 聚合酶，在恒温条件下快速地扩增核酸，扩增效率为 1h 内达到 $10^9 \sim 10^{10}$ 个数量级。

利用 LAMP 技术扩增福寿螺中广州管圆线虫第 3 期幼虫的 18S rRNA，DNA 水平的最低检测限为 $1\mathrm{fg/\mu L}$，且与其他寄生虫如弓形虫、疟原虫、血吸虫、华支睾吸虫、卫氏并殖吸虫和异尖线虫等无交叉反应。根据华支睾吸虫组织蛋白酶 B3 基因设计引物，采用 LAMP 方法从感染华支睾吸虫的鱼肉中得到特异性扩增产物，灵敏度比普通 PCR 高 100 倍。

2. 水产品中寄生虫性风险评价方法　水产品中寄生虫性风险危害识别是提供食源性寄生虫本身与宿主相互作用的定性信息，利用现有的流行病学研究中的相关信息及实验室和现场数据，来确定食源性寄生虫对人体健康影响的程度。暴露评价是确定人体暴露于水产品中食源性寄生虫的强度和频率，需要收集或测定与下列因素有关的信息：风险源、风险源中食源性寄生虫的数量、暴露的程度（持续时间）、暴露于风险源的人数和导致暴露于风险源的事件。

剂量-效应评价用于阐明食源性寄生虫的剂量与对人体健康不利影响的程度（感染、患病和死亡）之间的关系，可预测食源性寄生虫克服宿主防御机制并造成感染和疾病的能力。

三、水产品寄生虫性风险控制技术

1. 臭氧杀虫技术　臭氧是一种广谱、高效、快速的杀虫剂，且具有无毒、无害、无残留的特点，早在 2001 年，FDA 就宣布臭氧可直接作为食品添加剂用于水产品的防腐保鲜，后来被用于水产品中食源性寄生虫的控制。臭氧处理对杀灭离体华支睾吸虫囊蚴效果显著，其效果和程度与臭氧的处理方式、接触时间、浓度密切相关。

在蒸馏水中通入臭氧均为 10min 时，先通臭氧再放入囊蚴的囊蚴死亡率显著低于先放囊蚴后通臭氧。在先放囊蚴后通臭氧的处理方式下，随着臭氧通入时间延长，囊蚴死亡率明显提高；通臭氧 10min，囊蚴死亡率高于 70.00%，且剩余未脱囊囊蚴中的后尾蚴已基本丧失活动力；通臭氧 20min，囊蚴死亡率达到 100.00%，后尾蚴全部停止活动。

2. 超声波杀虫技术　超声波是指频率大于 20kHz 的声波，因其超出了人耳的听力上限，故称为超声波。超声波在传播过程中与介质相互作用，使介质的物理性质、状态、生物特性发生改变或加快上述过程，并在这个过程中发生一系列的效应，如热作用、机械作用、空化作用，从而达到对物质的改性、乳化、冷冻、干燥等目的。目前，超声波技术作为一种高新加工技术，因其具有重复性好、时间短、效率高等特点被用作水产品中食源性寄生虫的控制。

3. 食品添加剂杀虫技术 食品添加剂杀虫技术是指利用食品添加剂的杀虫作用来对水产品进行杀虫处理的一种非热杀菌技术。食醋、白酒、青芥末和大蒜汁需分别作用 90h、15h、8h 和 36h，华支睾吸虫囊蚴全部死亡，杀死囊蚴效果的递减顺序为：青芥末＞白酒＞大蒜汁＞食醋；食品添加剂柠檬酸和亚硝酸钠对囊蚴有一定作用，常温 30h 处理可以使 90％以上囊蚴死亡。

第五章　水产品化学风险评价
技术体系

由于环境污染、化学制剂与食品添加剂的滥用等原因，水产品中渔药残留、重金属、添加剂、环境污染物等危害已成为引发水产品质量安全事故的主要风险因素，占水产品质量安全事故的6.96%，引起广泛的社会关注。因此，化学风险评价是水产品质量安全风险评估的重要内容，对及时向政府和公众发出预警，有效预防和控制水产品化学风险具有重要的意义。鉴此，本章主要介绍水产品中化学风险的基本知识、水产品中重金属风险评价技术、水产品中持久性有机污染物风险评价技术、水产品中药物风险评价技术，以期为我国建立完善的水产品化学风险防控保障机制提供借鉴与参考。

第一节　水产品化学风险的基本知识

一、化学风险的定义与类型

水产品的化学风险是指水产品本身含有的和外来侵入的各种有毒化学性物质，主要包括各种重金属、持久性有机污染物、农兽（渔）药等对水产品质量安全产生的威胁。根据引发化学风险物质来源的不同，水产品的化学风险分为内源性化学风险和外源性化学风险。内源性化学风险是由水产品中本身含有的对人体有一定危害的物质所引起的化学风险，这些物质可能是水产品在生长过程中产生的，或者由外界毒素在其生物体内蓄积，或者是能够引起机体免疫系统异常反应的物质如过敏原。外源性化学风险是由外来侵入到水产品中的对人体有一定危害的物质所引起的化学风险，主要包括渔业用药、各种有机及无机污染物以及添加剂等。

二、化学风险的来源

一般来说，水产品的化学性风险主要发生在水产品的生产、加工、运输、储藏等过程。其主要来源包括内源性化学污染物和外源性化学污染物。其中，内源性化学污染物主要包括生物胺、生物毒素、水产品自带的过敏原，外源性化学污染物包括各种重金属、持久性有机污染物、药物、添加剂等。

1. 内源性化学污染物

（1）生物胺　生物胺是一类含氮的有机化合物。根据化学结构的不同，生物胺分为杂环胺（组胺、色胺等）、脂肪族（腐胺、尸胺等）、芳香族（酪胺、苯乙胺等）。目前，与水产品相关的生物胺主要有组胺、酪胺、色胺、腐胺、尸胺。其中，组胺是与水产品关系最密切、毒性最强的生物胺。例如，市场上有的水浸金枪鱼罐头和金枪鱼松的组胺含量超过 96mg/kg，超出了美国要求水产品组胺含量标准（不得超过 50mg/kg），存在出口被退回的风险。此外，我国消费者食用水产品而导致生物胺中毒的事件也时有发生。例如，浙江省宁海县某公司的部分员工因食用不新鲜的鲐发生了生物胺食物中毒，深圳市宝安区某公司多名员工因食用变质鲐也出现了生物胺中毒。

（2）生物毒素　部分鱼类、贝类等水产品中存在生物毒素，主要是真菌、浮游藻类产生的。目前，污染水产品的真菌主要有曲霉素、镰刀菌素、青霉素，其产生的真菌毒素主要有黄曲霉毒素、玉米赤霉烯酮、赭曲霉毒素、展青霉素等；污染水产品的浮游藻类大约有 80 种能产生毒素，其产生的藻类毒素主要包括微囊藻毒素、记忆缺失性贝毒、原多甲藻酸贝毒、腹泻性贝毒、神经性贝毒、麻痹性贝毒、西加鱼毒、河鲀毒素及其他生物毒素。

（3）水产品自带的过敏原　鱼类和甲壳类动物是 FAO 划定的过敏类水产品。这些水产品中过敏原主要有原肌球蛋白、胶原蛋白、鱼卵蛋白、精氨酸激酶、肌球蛋白轻链、肌钙结合蛋白、血蓝蛋白亚基等。部分消费者因食用了这些过敏类水产品会出现急性荨麻疹、血管性水肿、过敏性腹泻、鼻塞、咳嗽、哮喘等过敏症状。例如，小龙虾主要的过敏原原肌球蛋白，具有稳定的免疫原性，是导致"龙虾病"的罪魁祸首。

2. 外源性化学污染物

（1）重金属 "三废"排放对养殖业和浅海渔业已经造成了污染，其中重金属对水产品的危害最为突出，不仅直接污染渔业水域环境，而且对鱼、虾、贝等毒性大，作用时间长，迁移转化、富集浓缩均较明显。

（2）持久性有机污染物 随着工农业、船舶运输业、石油工业、钻探工程、渔业的迅速发展，大量有机污染物和持久性有机污染物被排放到水环境中，对水产品质量安全造成了极大的危害。由于这些环境污染物不容易降解且积累性强，一旦水体受到环境化学毒物的污染，水产品会通过鳃-水交换、体表吸附和食物摄入等多种途径摄入化学污染物，导致这些环境污染物在水产品体内的富集。

（3）药物 由于近年来我国水产养殖业集约化和规模化程度的不断提高，导致养殖水域的污染日益严重，养殖病害频发，长期使用和滥用水产兽药的现象比较普遍。例如，2017年国家食品药品监督管理总局随机抽检了大菱鲆（多宝鱼）、乌鳢（黑鱼）、鳜等鲜活水产品607批次，检验项目为孔雀石绿、硝基呋喃类代谢物、氯霉素，抽检结果显示鳜、乌鳢等鲜活水产品养殖过程中违规使用上述禁用药物的问题仍然比较突出。此外，由于我国农药使用的法律法规不够健全，农药使用量过大、过频的现象严重，再加上工业、生活污水的排放，导致养殖水体环境受到不同程度的多氯联苯、有机磷、有机氯等持久性农药和重金属的污染，对水产品的养殖环境造成了潜在的威胁。

（4）添加剂 水产品在捕捞、运输、储藏、加工过程中，为了保鲜、保活、防腐，违禁和过量使用添加剂的现象层出不穷，容易给水产品的质量安全带来隐患。例如，2003年甘肃省天水市对辖区内220多家酒店、宾馆、饭店、食堂、超市、冷库等水产品经营场所进行执法检查，查出在 206kg 冻鱼中有 95kg 含有甲醛，98kg 虾类中有 60kg 含有甲醛，165kg 贝类中有 90kg 含有甲醛；2007 年浙江省质监部门开展了以干制水产品为重点产品的"水产加工品保质"专项执法行动，发现个别生产企业在鱼干的晾晒过程中使用违禁农药以驱赶苍蝇等昆虫；2015 年山东省食品药品监管局对海米进行抽检，抽检结果显示海米（虾米、虾皮）等干制水产品中防腐剂（如苯甲酸、山梨酸等）、亚硫酸盐和着色剂等食品添加剂含量超标。

三、化学风险对水产品质量安全的威胁

化学风险因素是近年来引起水产品质量安全问题的主要因素之一。水产生物的整个生命周期均暴露在水环境中，机体对化学风险物质的富集易受到水体中环境参数的影响，当水体受到污染后，水生生物依旧会通过鳃-水交换、体表吸附和食物摄入等多种途径摄入水体中的化学风险物质。随着全球对水产品安全问题的关注，水产品中重金属污染物、持久性有机污染物、药物残留污染引起的化学安全问题已成为同行关注的热点领域。

1. 重金属污染物对水产品质量安全的影响　重金属污染物是影响水产品质量安全的最常见无机污染物，对水产品质量安全的威胁极大。

鉴于很多重金属污染物不容易降解且积累性很强、能够通过食物链从低营养级生物向高营养级生物转移，并逐渐在生态系统中积累，对人体造成危害，如有机汞中毒以感知失调、运动失调、视力障碍、听觉障碍、语言障碍等症状为主，伴有致畸性；铅会影响儿童智力的发育，对造血系统、神经系统、生殖系统、胚胎有很强的毒性等。当前国际社会对水产品中的重金属含量都做了限量规定，如国际食品法典委员会和欧盟规定，鱼类产品中铅的限量为 0.3mg/kg，韩国鱼类产品中铅的限量为 0.5mg/kg。

2. 持久性有机污染物对水产品质量安全的影响　持久性有机污染物是指人工合成或人类活动产生的能持久存在于环境中、可被

生物富集并通过食物链（网）累积、对生态系统及人体健康造成有害影响的化学物质。这类污染物来源广泛，具有亲脂性，多数具有"三致"危害，进入环境后可以通过直接排放、大气干湿沉降及地表径流等方式进入水环境，极易被生物富集，并不断累积，还可通过食物链（网）传递，最终进入人体，对生态系统和人体健康构成潜在危害。

3. 药物残留对水产品质量安全的影响　药物残留是指水体中药物或水产动物用药导致的蓄积或存留于机体或产品中的原型药物或其代谢产物，包括与农兽药有关的杂质残留。药物的广泛使用不仅带来了水产养殖业的增产，同时也带来了滥用药物、超量使用药物、不遵守休药期规定、非法使用国家禁止使用的药物和不遵守标签规定添加药物等一系列不合理用药现象，造成了我国目前水产品药物残留问题。

尽管水产品中兽药残留水平通常很低，如农业农村部 2019 年上半年全国产地水产品兽药残留监控抽检合格率为 99.3%，但水产品中的药物残留对人类及环境的危害是慢性、远期和累积性的，不容忽视。

第二节　水产品重金属蓄积风险评价技术

一、水产品重金属蓄积风险的种类与特点

1. 水产品中重金属蓄积风险的种类　水产品中重金属蓄积风险是指水产品中有害重金属如镉、砷、铬、汞、铅、锡、锰、镍、锌、铜、铝的含量超出标准限值，在水产品中累积达到一定程度，对人体健康造成潜在危害。根据污染水产品的重金属种类的不同，水产品中重金属风险主要由镉、砷、铬、汞、铅、锡、锰、镍、锌、铜、铝等重金属在水产品中的蓄积引起的。这些重金属风险主要分为内源性污染（生物富集）和外源性污染。外源性污染主要源自水质、底泥本身的重金属污染；内源性重金属风险主要来自饲料药物投放、工业生产排放等带来的重金属污染。近年来，水产品中

重金属污染现状不容乐观。

2. 水产品中重金属蓄积风险的特点

（1）重金属富集途径多样　重金属在水产品中富集途径具有明显的多样性。一般来说，重金属在水产动物体内富集的途径主要有三种：①水产动物的鳃在呼吸的过程中在不断吸收水中的重金属，然后经过血液循环输送到体内各个部位；②水产动物在摄食的过程中，重金属通过饵料进入鱼体；③水产动物的体表在与水体的渗透交换作用的同时也富集了重金属。然而，重金属在水产品中富集的主要途径因水产品的食性、栖息水层等方面的不同而有所差异。

（2）易蓄积　重金属污染物在环境中进行迁移时，一旦进入食物链，就可能由于生物浓缩和生物放大作用在生物体内富集。根据重金属与体内的内源性物质的亲和力不同，在不同的组织和器官中的蓄积量和富集的程度不同。

（3）难降解，毒性大　人类食用重金属含量高的水产品后，不能被降解，而是在人体逐渐地被富集起来，并与人体内的蛋白质及酶等发生强烈的相互作用，使它们失去活性，造成急、慢性中毒，进而造成疾病、发育不良、畸形等后果。例如，铜和锌是生物必需的营养元素，适量的铜和锌对生物体都是有益的，但人体对铜摄取过量则会造成铜中毒，引起急性胃肠炎，损伤红细胞引起溶血和贫血；锌过量会使体内的维生素减少，引起免疫力下降等。一般来说，根据重金属的生物毒性及对人体的危害性，汞、镉、铅、砷、铬、锡等重金属能够引起高毒危害，锌、锰、铜、镍、铝等重金属能够引起中毒危害。

二、水产品重金属蓄积风险评价技术

（一）水产品重金属含量检测技术

目前，检测水产品中重金属含量的主要技术包括石墨炉原子吸收光谱检测技术、火焰原子吸收光谱检测技术、原子荧光光谱检测技术、冷原子吸收光谱检测技术、电感耦合等离子体发射光谱检测技术、电感耦合等离子体质谱检测技术、液相色谱-原子荧光光谱检测技术、液相色谱-电感耦合等离子体质谱检测技术等。

1. 石墨炉原子吸收光谱检测技术　石墨炉原子吸收光谱检测技术适用于铅、镉和铬的测定，其原理是将试样消解后，注入原子吸收分光光度计石墨炉中原子化，测定其在特定波长处的吸光度，吸收值与待测金属含量成正比，与标准系列比较定量。

2. 火焰原子吸收光谱检测技术　火焰原子吸收光谱检测技术适用于铅的测定，其原理是将试样消解后，铅离子在一定 pH 条件下与二乙基二硫代氨基甲酸钠形成络合物，经 4-甲基-2-戊酮萃取分离，导入原子吸收光谱仪中，经火焰原子化，在 283.3nm 处测定吸光度。在一定浓度范围内，铅的吸光度值与铅含量成正比，与标准系列比较定量。

3. 原子荧光光谱检测技术　原子荧光光谱检测技术适用于总汞的测定，其原理是将试样消解后，在酸性介质中，汞被硼氢化钾或硼氢化钠还原成原子态汞，由载气（氩气）带入原子化器中，在汞空心阴极灯照射下，基态汞原子被激发至高能态，在由高能态回到基态时发射出特征波长的荧光，其荧光强度与汞含量成正比，与标准系列溶液比较定量。

4. 冷原子吸收光谱检测技术　冷原子吸收光谱检测技术适用于总汞的测定，其原理是，汞蒸气对波长 253.7nm 的共振线具有强烈的吸附作用。试样经过酸消解或催化酸消解使汞转为离子状态，在强酸性介质中以氯化亚锡还原成元素汞，载气将元素汞吹入汞测定仪，进行冷原子吸收测定，在一定浓度范围其吸收值与汞含量成正比，外标法定量。

5. 电感耦合等离子体发射光谱检测技术　电感耦合等离子体发射光谱检测技术是一种在发射光谱法基础上发展起来的新技术，具有分析速度快、线性范围宽、灵敏度高、稳定性好，可以同时检测多种重金属等优点，已经在水产品重金属检测中得到了广泛应用。

6. 电感耦合等离子体串联质谱检测技术　电感耦合等离子体串联质谱检测技术适用于铅、总砷、总汞、镉和铬的测定，其原理是将试样消解后，由电感耦合等离子体质谱仪测定，以元素特定质量数（质荷比，m/z）定性，采用外标法，以待测元素质谱信号与内标元素质谱信号的强度比与待测元素的浓度成正比进行定量分析。

7. 液相色谱-原子荧光光谱检测技术　　液相色谱-原子荧光光谱检测技术适用于无机砷和甲基汞的测定。当测定无机砷时，食品中无机砷经稀硝酸提取后，以液相色谱进行分离，分离后的目标化合物在酸性环境下与硼氢化钾反应，生成气态砷化合物，以原子荧光光谱仪进行测定。按保留时间定性，外标法定量。当测定甲基汞时，食品中甲基汞经超声波辅助 5mol/L 盐酸溶液提取后使用 C18 反相色谱柱分离，色谱流出液进入在线紫外消解系统，在紫外光照射下与强氧化剂过硫酸钾反应，甲基汞转变为无机汞。酸性环境下，无机汞与硼氢化钾反应生成汞蒸汽，由原子荧光光谱仪测定。由保留时间定性，外标法峰面积定量。

8. 液相色谱-电感耦合等离子体质谱检测技术　　液相色谱-电感耦合等离子体质谱检测技术适用于无机砷的测定，其原理是：食品中无机砷经稀硝酸提取后，以液相色谱进行分离，分离后的目标化合物经过雾化由载气送入 ICP 炬焰中，经过蒸发、解离、原子化、电离等过程，大部分转化为带正电荷的正离子，经离子采集系统进入质谱仪，质谱仪根据质荷比进行分离测定。以保留时间定性和质荷比定性，外标法定量。

（二）水产品中重金属蓄积风险评估模型

1. 基于重金属暴露风险商的水产品中重金属风险评价　　重金属暴露风险商（HQ）是评价水产品中可能导致的健康风险的常用指标，以测定的重金属暴露风险商为评价标准，对人体进行重金属的慢性暴露评估。

2. 基于每周可耐受摄入量的水产品中重金属风险评价　　每周可耐受摄入量（PTWI）是 FAO 和 WHO 下的食品添加剂联合专家委员会制定的水产品安全性评价的依据，通过测定的水产品中重金属残留量或人体每周实际重金属摄入量与每周可耐受摄入量的比值为评价标准，其比值越高，说明水产品的食用安全性越低。

3. 基于每月可耐受摄入量的水产品中重金属风险评价 每月可耐受摄入量（PTMI）是评价水产品中可能导致的健康风险的常用指标，以测定的人体每月水产品中重金属的平均暴露量与每月可耐受摄入量的比值为评价标准，对人体食用水产品可能导致的重金属健康风险进行评估。

三、水产品中重金属风险蓄积控制技术

1. 物理吸附技术 物理吸附技术主要是利用吸附剂，如改性介孔材料、改性壳聚糖纤维布等对水产品及其副产物中的重金属进行吸附。

2. 化学处理技术 化学处理技术是通过改变水产品及其副产物中重金属的存在方式而将其去除，主要是通过乙二胺四乙酸、植酸等化学物质与重金属离子结合形成络合盐来达到去除重金属的目的。

3. 养殖水体重金属处理技术 养殖水体环境中重金属蓄积是导致水产品中重金属风险的原因之一。因此，降低养殖水体中的重金属含量也被认为是控制水产品中重金属风险的有效方法。例如，混浊的淤泥能吸附水体中大量的重金属，淤泥沉淀后可降低水体中的重金属含量。

养殖生产上采取以下三种处理方法进行淤泥对重金属的吸附去除：①用水底增氧机。将水底增氧机的管道安装在池塘底部，可泛起塘底表面的淤泥，达到消除水体中的有害氨氮和硫化物，增加水中的含氧量，降低水中的重金属含量的效果。②空窗期降低池塘的水位至 60~80cm，增氧机全开，泛起塘底表面的淤泥后立刻进水，利用浊水中淤泥的吸附作用降低水中重金属的含量。③用黄泥化浆全池泼洒，利用黄泥的吸附作用来降低水体中重金属的含量。此外，在水体中添加乙二胺四乙酸（EDTA）的钠盐，EDTA 钠盐在遇到重金属离子时，会形成稳定的螯合物，从而大大降低水体中重金属离子的浓度，进而降低水产品中重金属的浓度。将 0.5% 的

EDTA加入牡蛎养殖海水中，2天后发现牡蛎中铅的含量有一定下降，砷的含量明显下降。

第三节 水产品持久性有机污染物蓄积风险评价技术

一、水产品持久性有机污染物蓄积风险的种类与特点

1. 水产品持久性有机污染物蓄积风险的种类 持久性有机污染物是指具有生物蓄积性、长期残留性、不易分解和高毒性，能够通过各种环境介质进行长距离迁移，并且会对人类健康和环境产生严重危害，天然或人工合成的有机污染物。因此，水产品中持久性有机污染物风险包括天然风险和人为风险。狭义上，持久性有机污染物主要是指《关于持久性有机污染物的斯德哥尔摩公约》所列物质。截至2017年5月，列入受控名单的持久性有机污染物有29种，包括滴滴涕、氯丹、灭鼠灵、艾氏剂、狄氏剂、异艾氏剂、七氯、毒杀酚、六氯苯、多氯联苯、多氯代二苯并二噁英、多氯二苯并呋喃、开蓬（十氯酮）、五氯苯、六溴联苯/六溴代二苯、甲型六氯环己烷/α-666、乙型六氯环己烷/β-666、林丹、商用五溴联苯醚（四溴联苯醚和五溴联苯醚）、商用八溴联苯醚（六溴联苯醚和七溴联苯醚）、硫丹、全氟辛烷磺酸及其盐、全氟辛基磺酰氟、六溴环十二烷、多氯化萘、六氯丁二烯、五氯苯酚及其盐和酯、十溴联苯醚、短链氯化石蜡。广义上，持久性有机污染物还包括一些具有持久性有机污染物特性的其他物质，部分物质是目前《关于持久性有机污染物的斯德哥尔摩公约》正在审查的物质，如四溴双酚A、三氯杀螨醇、十五氟辛酸（全氟辛酸）及其盐和相关化合物、全氟己烷磺酸及其盐类和相关化合物，以及包括萘、苊、芴、蒽、菲、芘、䓛等在内的150余种多环芳烃类污染化合物。

2. 水产品持久性有机污染物蓄积风险的特点

（1）持久性 持久性有机污染物在环境中滞留的时间较长。据报道，持久性物质在水中的半衰期大于2个月，在水体沉积物中的

半衰期大于 6 个月。虽然人类在 1970—1980 年已开始陆续禁止生产和使用具有持久性有机污染物，但目前仍可在水环境的沉积物、水生生物体内检测到它们的存在，而且通过烹调等处理不仅不会降低水产品中持久性有机污染物的浓度，反而会增加水产品中持久性有机污染物的生物可给性。例如，广东省某渔业养殖区的石斑鱼自然富集滴滴涕的浓度高达 110ng/g，通过对鱼肉进行添加食用油处理，滴滴涕的生物可给性从 60％增加到 83％。

（2）半挥发性 持久性有机污染物具有半挥发性，能够从水体或土壤中以蒸气的形式进入大气环境或被大气颗粒物吸附，通过大气环流在大气环境中作远距离迁移。在较冷或海拔高的地方它们又会沉降到地球上，给着陆区域带来污染。而后温度升高时，它们会再次挥发进入大气，进行迁移。这就是所谓"全球蒸馏效应"或"蚱蜢跳效应"。例如，欧洲高山上的湖泊底泥中均有较高浓度的持久性有机污染物的存在，甚至在遥远的北极，科学家们都发现了持久性有机污染物的存在。

（3）生物蓄积性 持久性有机污染物很难溶于水，亲脂性高，因而能够在脂肪中积累。即使持久性有机污染物在水产品中的浓度低于其起毒害作用的最小浓度，也可以凭借其生物积蓄性通过食物链放大浓度，从而对处于食物链末端的人类带来健康威胁。

（4）高毒性 持久性有机污染物具有致癌、致畸和致突变效应，人体长期低剂量的接触虽不会导致明显的急性毒效应，但会引起内分泌和免疫系统的慢性损伤。尤其是有的持久性有机污染物可以在极低的浓度下对人体表现出毒害作用。长期食用遭受持久性有机污染物污染的水产食品，同样存在因为蓄积风险而造成人体健康危害，使癌症等疾病发生率大为提高，更可怕的是它还可以通过母体危害下一代。

二、水产品持久性有机污染物蓄积风险评价技术

（一）水产品持久性有机污染物的检测技术

目前，水产品中持久性有机污染物的检测技术主要有气相色谱

检测技术、气相色谱-质谱联用检测技术、液相色谱-质谱联用检测技术等。

1. 气相色谱检测技术 气相色谱检测技术是以气体为流动相的色谱法，根据固定相的状态分为气固色谱法和气液色谱法。气固色谱法用分子筛、硅胶、活性炭等做固定相，适于分析化学性质稳定的气体及 C1～C4 烃类气体；气液色谱法使用蒸气压低、热稳定性好且在操作温度下呈液态的有机化合物做固定液，涂敷在惰性载体或毛细管内壁上作为固定相，适于易挥发且不发生分解的化合物的分离与分析。气相色谱法具有分离高效、选择性好、灵敏度高、分析快速和应用范围广等优点，通常配有高灵敏度的检测器，如氢火焰离子化检测器、电子捕获检测器、火焰光度检测器等，可检出低达 10^{-11}～10^{-13} g 的样品组分，适合于环境样品中痕量有毒物质的测定。

2. 气相色谱-质谱联用检测技术 气相色谱与质谱联用检测技术兼具色谱仪的高度分离性能和质谱仪的高度灵敏的定性能力，克服了气相色谱定性的局限性，可进行复杂混合化合物的定性定量分析，已成为痕量持久性有机污染物检测中的常用方法。

3. 液相色谱-质谱联用技术 液相色谱-质谱联用技术作为气相色谱与质谱联用检测技术的补充，对于高沸点、高分子质量，尤其是同分异构体的持久性有机污染物的分析是不错的方法，可以测定高沸点、弱热稳定性等不宜用气相色谱法测定的大分子质量的持久性有机污染物。海洋沉积物及海洋贝类中的一些有毒有机污染物，如多环芳烃、全氟化合物等，都可以用液相色谱-质谱联用技术进行快速、灵敏的分析测定。

（二）水产品持久性有机污染物蓄积风险评价技术

1. 基于接触风险指数的水产品中持久性有机污染物蓄积风险评价 风险指数是水产品总持久性有机污染物对人体健康影响的风险评估的重要内容，通常采用接触风险评价和致癌风险评价方法。

接触风险评价指人体通过皮肤接触外界环境和生物体介质中的持久性有机污染物所产生的非致癌慢性毒性风险评价，即暴露风险评价。接触风险水平的大小用接触风险指数表示，其计算公式为：接触风险指数＝（某种污染物残留量×日均人均每千克体重水产品消费量）/污染物每日允许摄入量，接触风险指数小于 1 表示持久性有机污染物的接触风险处于可接受范围，接触风险指数大于 1 表示持久性有机污染物可能对人体健康产生慢性毒性危害。例如，上海海洋大学对山东沿海主要养殖贝类进行了多环芳烃的残留水平分析，并通过接触风险指数进行了食用健康风险评估，结果表明山东沿海贝类体中多环芳烃对人体健康的接触风险指数均远小于 1，为可接受范围，对健康没有影响。

2. 基于致癌风险指数的水产品中持久性有机污染物蓄积风险评价　致癌风险一定程度上反映了水产品的食用安全性。长期经口摄入持久性有机污染物的致癌风险用致癌风险指数表示，其计算公式为：致癌风险指数＝（人均暴露年数×某种污染物残留量×每人年均食用量×致癌斜率系数）/（平均人体体重×总平均暴露时间）。当持久性有机污染物的致癌风险指数超过 10^{-4} 时，致癌风险指数越大，患癌概率越大；当持久性有机污染物的致癌风险指数小于 10^{-4} 但大于 10^{-6} 时，存在潜在的致癌风险，应控制水产品的摄入量；当持久性有机污染物的致癌风险指数不大于 10^{-6} 时，则食用安全，不具备致癌风险。

3. 基于目标风险商和风险系数的水产品中持久性有机污染物蓄积风险评价　目标风险商和风险系数分析是评价水产品总持久性有机污染物对人体健康影响风险的常用方法。目标风险商为暴露量和参考剂量的比率，其计算公式为：目标风险商＝10^{-3}×（暴露频率×暴露持续时间×每日水产品平均摄入量×水产品中目标污染物的浓度）/（口服参考剂量×平均暴露时间×成年人平均体重）。当目标风险商小于 1 时，表明暴露量低于参考剂量，污染物造成的不良影响可以忽略；当目标风险商大于 1 时，表明暴露量高于参考剂量，污染物造成不良影响的风险较高。风险系数主要评价水产品中持久性有机污染物的致癌风险，其计算公式为：风险系数＝10^{-3}×（暴露频率×暴露持续时间×每日水产品平均摄入量×口服致癌斜率因子×水产品中目标污染物的浓度）/（平均暴露时间×成年人平均体重）。当风险系数为 $10^{-6}\sim10^{-4}$，表明健康风险可接受，当风险系数大于 10^{-4}，表明致癌风险高。

目标风险商和风险系数法还适合水产品中多种持久性有机污染物同时存在时的食用风险评价。当暴露于多种持久性有机污染物的情况下，采用风险增加假设，将每个污染物的目标风险商和风险系数相加得到总的非致癌风险和致癌风险。

4. 基于每日摄入量的水产品中持久性有机污染物蓄积风险评价　每日摄入量是水产品中持久性有机污染物暴露评估的重要指标，其计算公式为：每日摄入量＝（水产品样品中目标物的浓度×每日水产品平均摄入量）/成年人平均体重。通过水产品中某种持久性有机污染物的每日摄入量与参考剂量进行比较，评价食用健康风险。

三、水产品持久性有机污染物蓄积风险控制技术

由于持久性有机污染物的生物蓄积性和污染广泛性，许多国家将持久性有机污染物的源头控制技术作为水产品中持久性有机污染物风险控制研究的热点和难点，其直接关系着水产品中持久性有机污染物污染风险的高低。持久性有机污染物生产废水/废渣和养殖水体的处置技术是减少持久性有机污染物对环境污染进而降低对水产品中持久性有机污染物风险的根本前提，主要有物理法、化学法、生物法等。

1. 物理处理技术　物理处理技术可对污染物起到浓缩富集并部分处理的作用，主要有吸附法、超声波法等。吸附法是经常采用的物理处理技术，主要是采用吸附效率高、吸附与分离性能好的吸附材料来消除生产废水/废渣中的持久性有机污染物污染，以达到排放标准。例如，南京大学用大孔吸附树脂 CHA-111 处理五氯酚钠生产废水，五氯酚钠去除率大于 99%。一般来说，物理吸附技术常作为一种预处理手段与其他化学处理方法联合使用。

2. 化学控制技术　化学控制技术在持久性有机污染物污染风

险控制中的应用十分广泛，主要有放射性射线、超临界水氧化法、光催化氧化法等。

3. 生物修复技术　生物修复技术是基于自然界中生物对持久性有机污染物的降解作用，作为持久性有机污染物污染风险控制的一种新方法而提出的；主要是生物，特别是微生物催化降解持久性有机污染物从而去除或者消除环境污染的一个受控或自发进行的过程。修复污染的生物主要是微生物（细菌和真菌）、植物和菌根。

第四节　水产品药物残留风险评价技术

一、水产品药物残留风险的种类与特点

1. 水产品药物残留风险的种类　药物残留风险是养殖者使用药物或养殖环境中药物污染引起水产品中药物残留，进而通过食物链产生能引起人体生理与生化机能紊乱等有害反应的可能性。水产品中药物残留主要来源于渔药残留和农药残留。渔药残留是在水生动、植物种养过程中，为防病、治病而使用，在生物体内产生积累或代谢不完全的渔药和其代谢产物。农药残留是水产品在受农药污染的养殖水域生长而在体内富集农药，或人为喷洒杀虫剂对水产品进行驱虫而引起的农药残留。根据药物风险的来源，药物风险可分为天然风险和人为风险两类。

（1）天然风险　天然风险是指药物本身属性中所存在的风险，包括产品缺陷、不良反应。产品缺陷主要表现为设计缺陷和生产缺陷。设计缺陷是药物在被研发设计出来时，其化学结构式即带来一定缺陷。例如，孔雀石绿作为人工合成的抗真菌药，其化学官能团三苯甲烷是一种致癌物质，能在鱼体中长时间残留，通过食物链对人类健康产生潜在危害，因而被水产养殖业禁用。生产缺陷是在药物生产过程中，因生产原料、生产工艺、生产设备等方面的影响导致最终产品不符合标准。例如，水产用二氧化氯制剂因配方和生产工艺的欠缺，导致实际有效含量低于标示量，农业农村部为此废止了二氧化氯制剂的兽药试行质量标准。此外，产品缺陷会导致渔药

在使用后产生某种有益效果的同时，产生其他方面的不良效果，即渔药不良反应。例如，磺胺类抗菌药能够使肝肾等器官负荷过重引发不良反应，如颗粒性白细胞缺乏症，急性及亚急性溶血性贫血，以及再生障碍性贫血等症状。

（2）水产品中药物风险的人为风险　人为风险是指人为有意或无意违反相关规定而引发的风险，一般发生在药物的研制、生产、运输、贮存、使用以及药物废水排放等环节，是药物残留风险的关键因素。尤其在渔药的使用环节，养殖者的某些行为导致药物的人为风险时有发生，主要表现在：①对批准使用药物过量使用，造成鱼类体内药物残留。②在水产养殖中使用禁止使用的药物。③开发使用疫苗（批准或禁止的）。④养殖过程中引用了被药物污染的水体进行养殖。虽然药物的人为风险不可能完全避免，但通过加强药物的研制、生产、运输、贮存、经营、使用和药物废水排放等环节的日常监管可以将风险降到最低，因此人为风险是政府主管部门对药物日常监管的主要关注点。

2. 水产品中药物残留风险的特点　药物残留风险具有复杂性、不可预见性等特点。

药物风险存在于研制、生产、运输、贮存、经营、使用和药物废水排放的各个环节，受多种因素的影响，任何一个环节出现问题，都会破坏整个药物安全链。此外，药物风险主体多样化，即风险的承担主体不仅仅是养殖户，还包括药物的生产者、经营者等。

我国水产养殖品种繁多，除了鱼类外，还包括甲壳类、贝类、藻类。其中，仅淡水鱼类就有 800 多种。因此，药物风险评估往往无法针对每一个养殖品种进行系统的安全性评价。此外，受限于科学技术水平以及养殖环境药物污染水平、养殖品种个体与养殖水体水质的差异，药物风险也往往难以预见。

二、水产品中药物残留风险评价技术

（一）水产品中药物残留检测技术

1. 液相色谱技术　高效液相色谱技术是以高压液体为流动相

的色谱法，是用高压泵将具有一定极性的单一溶剂或不同比例的混合溶剂泵入装有填充剂的色谱柱，经进样阀注入的样品被流动相带入色谱柱内进行分离后依次进入检测器，由记录仪、积分仪或数据处理系统记录色谱信号或进行数据处理而得到分析结果。该技术具有分离效能高、选择性好、灵敏度高、分析速度快、适用范围广（样品不需汽化，只需制成溶液即可）、色谱柱可反复使用的特点，已成为药残检测最常用的分析方法之一。目前水产品中氯苯胍、土霉素、孔雀石绿、结晶紫、甲基睾酮、喹乙醇、磺胺类等药物残留检测主要采用高效液相色谱法。

2. 气相色谱技术　气相色谱法是以惰性气体为流动相的柱色谱法，是一种物理化学分离方法。其基本原理是混合物样品中各组分在色谱柱中的气相和固定相间的分配系数不同，当汽化后的样品被载气带入色谱柱中运行时，组分就在两相间进行了反复多次的分配（吸附-脱附），由于固定相对各组分的吸附能力不同，各组分在色谱柱中进行的速度就不同，经过一定的柱长后，即得到了分离。气相色谱具有高效、快速、高灵敏度、样品用量少等优点。目前，水产品中氯霉素和五氯酚钠的检测主要采用气相色谱法。

3. 液相色谱-质谱联用技术　液相色谱-质谱联用技术是以质谱仪为检测手段，集高效液相色谱的高分离能力与质谱的高灵敏度和高选择性于一体的强有力分离分析方法。液相色谱-质谱联用技术的主要特点是：①能够对多种化合物进行分离，尤其是对热不稳定化合物分离效果较好，解决了常见的热不稳定化合物难分离的问题；②分离能力强，在色谱上没有完全进行分离的混合物，可以后续通过质谱的特征离子质量色谱图来进行定性定量；③能够得到较可靠的分析结果；④具有较低的检测限；⑤分析的耗时较短；⑥自动化程度较高。目前，液相色谱-质谱联用技术已经成为水产品中药物残留检测的主流方法。

4. 气相色谱-质谱联用技术　气相色谱-质谱联用技术是利用气相色谱作为质谱的进样系统，使复杂的化学组分得到分离，并利用质谱仪作为检测器进行定性和定量分析的一种药物分析方法。目前，气相色谱-质谱联用技术因其检测灵敏度高、分离效果好，已经成为检测水产品中有机药物最常选用的方法。

5. 免疫分析技术　免疫分析技术的原理是抗原、抗体特异性结合反应。目前常用的方法是酶联免疫法，该方法具有灵敏度高、成本低、可操作性强等优点，其主要原理是：①抗原或抗体能物理性地吸附于固相载体表面，可能是蛋白和聚苯乙烯表面间的疏水性部分相互吸附，并保持其免疫学活性；②抗原或抗体可通过共价键与酶连接形成酶结合物，而此种酶结合物仍能保持其免疫学和酶学活性；③酶结合物与相应抗原或抗体结合后，可根据加入底物的颜色反应来判定是否有免疫反应的存在，而且颜色反应的深浅是与标本中相应抗原或抗体的量成正比例的，因此可以按底物显色的程度显示试验结果。目前，酶联免疫法已经用于检测水产品中孔雀石绿、喹乙醇等药物的残留。

6. 毛细管电泳技术　毛细管电泳是以高压电场为动力，将石英毛细管作为分离通道，根据组分的分配行为差异、流淌度等不同性质实现分离的分析技术。毛细管电泳技术常用于对多种检测目标进行同时测定分析。此方法简单易操作，溶剂消耗少，可同时分析多种不同类药物残留，满足实际生产中监管部门对水产品的检测要求；但是分析时间长是毛细管电泳方法的缺陷，在大批样品检测时难以实现。

7. 微生物检测技术　微生物检测技术是一种经典的药物残留检测方法，其原理是根据药物对某些特异微生物的杀灭或抑制效果来定量或定性确定样品中残留的药物。微生物检测法可以检测到药物的所有成分，能准确检测药物残留的总量，符合检测要求，而且所需的设备条件简单，检测成本低，适用于生产上的大批样检测。因此，微生物检测法作为测定水产品中抗菌药物残留的方法仍被广泛应用。

（二）水产品中药物风险评价技术

1. 基于每日允许摄入量的水产品中药物残留风险评价　每日允许摄入量是水产品中药物暴露评估的重要指标。通过水产品中某种药物的每日摄入量与每日允许摄入量进行比较，评价食用健康风险。例如，中国水产科学研究院淡水渔业研究中心采集了团头鲂、青虾、鲈和中华绒螯蟹等养殖水产品116份，通过分析其体内氟苯尼考的含量，并依据每日允许摄入量（ADI）值评估水产品中氟苯尼考对人体健康的风险，发现由于养殖方式不同，不同养殖品种体内氟苯尼考含量不同，中华绒螯蟹体内氟苯尼考含量相对较低，平均值为 $7.84\mu g/kg$；成年人通过食用水产品氟苯尼考的摄入量约占每日允许摄入量的 1.83%，健康风险较低，膳食安全性高，为合理指导养殖水产品的消费提供一定的依据。

2. 基于每日膳食暴露量的水产品中药物残留风险评价 每日膳食暴露量是水产品风险评估的重要组成部分，也是膳食安全性的衡量指标。

3. 基于层次分析法水产品中药物残留风险评价 层次分析法是美国匹兹堡大学教授 Saaty 于 20 世纪 70 年代提出的一种系统分析方法，是定量与定性方法相结合的优秀决策方法，最早应用于食品领域对食品质量的综合评价、营养膳食评价等，也有人应用在食物中毒的原因分析中，现在已经发展成为水产品质量安全预警的基础分析方法之一，被用于水产品安全风险分析与预警，水产品安全事件危害程度评估等。

三、水产品药物残留风险控制技术

1. 辐照处理技术 辐照处理即用辐射照射的方法对水产品进行处理，主要利用射线与物质间的作用，电离和激发产生的活化原子与活化分子，使之与水产品中的药物发生一系列物理、化学、与生物化学变化，导致水产品中药物残留的降解、聚合、交联并发生改性。因此，辐照处理技术为消除水产品中的药物残留提供了新的途径。

2. 二氧化钛光降解技术 二氧化钛作为半导体光催化剂，其能带间隙为 3.2eV，当受到波长小于 387.5nm 的紫外光照射时，二氧化钛价带电子受到激发跃迁至导带，因而在价带产生电子空穴

（h_{VB}^{+}）和在导带产生光生电子（e_{CB}^{-}）对。在水溶液中，h_{VB}^{+} 和 e_{CB}^{-} 又可以与水和氧气发生一系列反应，进而生成羟基自由基（·OH）等强氧化自由基将有机物彻底氧化降解，矿化为无机小分子。因此，二氧化钛光降解技术因其稳定性好、成本低、无毒、无二次污染、易掺杂改性等优点，已经成为一种理想的水产品中药物风险的控制技术。

第六章 水产品质量安全标准体系

为提高水产品质量安全评价水平，我国聚焦水产品质量安全标准体系建设，涵盖了质量标准体系、检验检测体系、认证体系、科技支持体系、示范推广体系、法律法规体系、信息服务体系、市场营销体系等。经过近 30 年的努力，我国水产品质量安全标准体系已初步形成，对保障水产品质量安全起到了重要作用。

第一节 水产品生物风险评价技术标准体系

一、病毒风险评价技术标准体系

针对公共卫生安全隐患的水产品病毒风险评价标准体系主要包括相关技术标准 12 项，其中国家标准 2 项，行业标准 10 项。涉及水产品种类主要为贝类。检测方法以实时荧光 RT-PCR 为主，详细见表 6-1。

表 6-1 水产品中病毒风险评价标准体系

序号	标准号	标准名称	水产品种类	检测种类	方法	主要技术参数
1	GB 4789.42—2016	食品安全国家标准 食品微生物学检验 诺如病毒检验	贝类	诺如病毒	实时荧光 RT-PCR	Ct 值
2	GB/T 22287—2008	贝类中甲型肝炎病毒检测方法 普通 RT-PCR 方法和实时荧光 RT-PCR 方法	贝类	甲型肝炎病毒	普通 RT-PCR 和实时荧光 RT-PCR	基因序列和 Ct 值
3	SN/T 4784—2017	出口食品中诺如病毒和甲肝病毒检测方法 实时 RT-PCR 方法	贝类	诺如病毒和甲型肝炎病毒	实时 RT-PCR	Ct 值

水产品质量安全评价知识手册

水产养殖用药减量行动系列丛书

（续）

序号	标准号	标准名称	水产品种类	检测种类	方法	主要技术参数
4	SN/T 3841—2014	出口贝类中诺如病毒和星状病毒的快速检测反转录-环介导恒温核酸扩增（RT-LAMP）法	贝类	诺如病毒和星状病毒	反转录-环介导恒温核酸扩增法（RT-LAMP）	颜色对比
5	SN/T 4055—2014	贝类中诺如病毒检测方法 普通 RT-PCR 方法和实时荧光 RT-PCR 方法	贝类	诺如病毒	普通 RT-PCR 和实时荧光 RT-PCR	扩增条带和 Ct 值
6	SN/T 3631—2013	出口贝类中肠道病毒 EV71 的检验方法 实时荧光 RT-PCR 方法	贝类	肠道病毒 EV17	实时荧光 RT-PCR	荧光对比和 Ct 值
7	SN/T 2518—2010	贝类食品中食源性病毒检测方法 纳米磁珠-基因芯片法	贝类	食源性病毒（甲肝病毒、诺如病毒、轮状病毒、星状病毒）	纳米磁珠-基因芯片法	芯片检测信号值
8	SN/T 2519—2010	贝类中星状病毒检测方法 普通 PCR 和实时荧光 PCR 方法	贝类	星状病毒	普通 PCR 和实时荧光 PCR	产物序列和荧光对比
9	SN/T 2520—2010	贝类中星状病毒检测方法 普通 PCR 和实时荧光 PCR 方法	贝类	A 群轮状病毒	普通 PCR 和实时荧光 PCR	扩增条带和 Ct 值
10	SN/T 2530—2010	贝类、果蔬和水样中脊髓灰质炎病毒检测方法 普通 RT-PCR 方法和实时荧光 RT-PCR 方法	贝类	脊髓灰质炎病毒	普通 RT-PCR 和实时荧光 RT-PCR	扩增条带和 Ct 值
11	SN/T 2531—2010	贝类和水样中札如病毒检测方法 普通 RT-PCR 方法和实时荧光 RT-PCR 方法	贝类	札如病毒	普通 RT-PCR 和实时荧光 RT-PCR	扩增条带和 Ct 值
12	SN/T 2532—2010	贝类和水样中柯萨奇病毒检测方法 普通 RT-PCR 方法和实时荧光 RT-PCR 方法	贝类	柯萨奇病毒	普通 RT-PCR 和实时荧光 RT-PCR	扩增条带和 Ct 值

二、细菌风险评价技术标准体系

针对公共卫生安全隐患的水产品细菌风险评价标准体系主要包括相关技术标准 38 项，其中国家标准 2 项，行业标准 30 项，地方标准 6 项。按照检测细菌种类可以将标准分为通用检测、革兰氏阴性菌检测及革兰氏阳性菌检测标准。检测方法包括 MPN 法、MALDI-TOF-MS 法、实时荧光 PCR 法、基因芯片法、免疫磁珠法、全自动病原菌检测系统筛选法、胶体金法、MPCR-DHPLC 法及 LAMP 法等，详细见表 6-2。

表 6-2　水产品中细菌风险评价标准体系

分类	序号	标准号	标准名称	水产品种类	检测种类	方法	主要技术参数
通用检测	1	GB 29921—2013	食品安全国家标准　食品中致病菌限量	全部	沙门菌、单核细胞增生李斯特菌、金黄色葡萄球菌、大肠杆菌O157：H7、副溶血弧菌	微生物培养	菌落计数
	2	GB/T 4789.20—2003	食品卫生微生物学检验　水产食品检验	全部	菌落总数、大肠杆菌群测定、沙门菌检测、志贺菌检测、副溶血弧菌检测、金黄色葡萄球菌检测、霉菌酵母检测	微生物培养	菌落计数、菌种定性判断
	3	SN/T 1870—2016	出口食品中食源性致病菌检测方法　实时荧光PCR法	全部	沙门菌、志贺菌、金黄色葡萄球菌、副溶血弧菌、小肠结肠炎耶尔森菌、空肠弯曲菌、单核细胞增生李斯特菌、大肠杆菌O157：H7、霍乱弧菌、阪崎克罗诺杆菌、创伤弧菌、溶藻弧菌	实时荧光PCR	Ct值

（续）

分类	序号	标准号	标准名称	水产品种类	检测种类	方法	主要技术参数
	4	SN/T 2641—2010	食品中常见致病菌检测 PCR-DHPLC 法	全部	沙门菌、志贺菌等 30 种常见菌	PCR-DHPLC 法	DHPLC 图谱峰分析
	5	SN/T 2102.1—2008	食源性病原体 PCR 检测技术规范 第 1 部分:通用要求和定义	全部			
	6	SN/T 2102.2—2008	食源性病原体 PCR 检测技术规范 第 2 部分:PCR 仪性能试验要求	全部	沙门菌、金黄色葡萄球菌、蜡样芽孢杆菌、产气荚膜梭菌、弯曲杆菌、小肠结肠炎耶尔森菌、单核细胞增生李斯特菌、大肠杆菌 O157:H7、志贺菌	微生物培养、实时荧光 PCR	菌落计数、Ct 值
通用检测	7	SN/T 2102.3—2008	食源性病原体 PCR 检测技术规范 第 3 部分:定性检测方法样品制备要求	全部			
	8	SN/T 2102.4—2008	食源性病原体 PCR 检测技术规范 第 4 部分:定性检测方法扩增和检测要求	全部			
	9	DBS32/014—2017	食品安全地方标准 食源性致病微生物快速检测	全部	金黄色葡萄球菌、沙门菌、单核细胞增生李斯特菌、大肠杆菌 O157:H7、副溶血弧菌和志贺菌	实时荧光 PCR	Ct 值

（续）

分类	序号	标准号	标准名称	水产品种类	检测种类	方法	主要技术参数
	10	SC/T 7213—2011	嗜麦芽寡养单胞菌检测方法	斑点叉尾鲴、云斑鲴	鲴嗜麦芽寡养单胞菌	生理生化实验	序列测定、葡萄糖发酵、吲哚、肌醇等
	11	SN/T 4781—2017	出口食品和饲料中产志贺毒素大肠杆菌检测方法 实时荧光PCR法	全部	志贺毒素大肠杆菌	实时荧光PCR	Ct值
	12	SN/T 4739—2016	致病性嗜水气单胞菌检疫技术规范	鱼类	嗜水气单胞菌	微生物培养、AHM穿刺实验、生理生化实验	菌落、氧化酶、吲哚等
革兰氏阴性菌检测	13	SN/T 3994—2014	动物产品中肠出血性大肠杆菌O104:H4检疫技术规范	全部	出血性大肠杆菌O104:H4	实时荧光PCR、ELISA法	Ct值
	14	SN/T 3924—2014	出口贝类中大肠菌群、粪大肠菌群检测方法	贝类	大肠菌群	MPN法	MPN值
	15	SN/T 3872—2014	出口食品中四种致病菌检测方法 MALDI-TOF-MS法	全部	沙门菌、单核细胞增生李斯特菌、副溶血弧菌、霍乱弧菌	MALDI-TOF-MS法	MALDI-TOF-MS法匹配参数
	16	SN/T 3196—2012	水产品中致病性弧菌检测 全自动病原菌检测系统筛选法	全部	霍乱弧菌、副溶血弧菌、创伤弧菌	BAX全自动病原菌检测系统	无
	17	SN/T 3152—2012	出口食品中致泻大肠杆菌检测方法 基因芯片法	全部	大肠杆菌	基因芯片法	杂交信号比
	18	SN/T 2797—2011	食品中致泻大肠杆菌检测 MPCR-DHPLC法	全部	大肠杆菌	MPCR-DHPLC法	色谱图分析

（续）

分类	序号	标准号	标准名称	水产品种类	检测种类	方法	主要技术参数
	19	SN/T 1059.7—2010	进出口食品中沙门菌检测方法 实时荧光PCR法	全部	沙门菌	实时荧光PCR	Ct值
	20	SN/T 2524.1—2010	进出口食品中变形杆菌检测方法 第1部分:定性检测方法	全部	变形杆菌	微生物培养、生理生化实验	苯丙氨酸脱氨酶、甘露醇、鸟氨酸脱羧酶等
	21	SN/T 2524.2—2010	进出口食品中变形杆菌检测方法 第2部分:MPN法	全部	变形杆菌	MPN法	吲哚、尿素酶、阿东醇等
	22	SN/T 0184.4—2010	食品中李斯特菌检测 第4部分:胶体金法	全部	李斯特菌	胶体金法	试纸条判别
革兰氏阴性菌检测	23	SN/T 0751—2010	进出口食品中嗜水气单胞菌检验方法	全部	嗜水气单胞菌	微生物培养、AHM穿刺实验、生理生化实验	菌落、氧化酶、吲哚等
	24	SN/T 2529—2010	进出口食品中香港海鸥菌检测方法	淡水鱼	香港海鸥菌	PCR、生理生化实验	产物序列、精氨酸双水解酶、脲酶等
	25	SN/T 2564—2010	水产品中致病性弧菌检测 MPCR-DHPLC法	全部	副溶血弧菌、霍乱弧菌、创伤弧菌、溶藻弧菌、拟态弧菌	MPCR-DHPLC法	色谱图分析
	26	SN/T 2099—2008	进出口食品中绿脓杆菌检测方法	全部	绿脓杆菌	微生物培养、生理生化实验	氧化酶、乙酰胺、葡萄糖酸盐等
	27	SN/T 0184.3—2008	进出口食品中单核细胞增生李斯特菌检测方法 免疫磁珠法	全部	单核细胞增生李斯特菌	生理生化实验	生理生化指标

（续）

分类	序号	标准号	标准名称	水产品种类	检测种类	方法	主要技术参数
革兰氏阴性菌检测	28	SN/T 1962—2007	食品中克雷伯菌检测方法	全部	克雷伯菌	微生物培养、生理生化实验	菌落、吲哚、甲基红、柠檬酸盐等
	29	NY/T 550—2002	动物和动物产品沙门菌检测方法	全部	沙门菌	生理生化实验	TSI、氨基酸脱羧酶等
	30	WS/T 116—1999	食品卫生微生物学检验 大肠菌群 LTSE 快速检验方法	全部	大肠菌群	LTSE 实验	MPN 值
	31	DB22/T 243—2019	霍乱弧菌检测 气相色谱-质谱法	全部	霍乱弧菌	气相色谱-质谱法	色谱图分析
	32	DB22/T 2912—2018	贝类中霍乱弧菌检测 微滴数字 PCR 法	贝类	霍乱弧菌	微滴数字 PCR 法	荧光信号
	33	DBS13/004—2016	食品安全地方标准 创伤弧菌检验	全部	创伤弧菌	生理生化实验	氧化酶、D-纤维二糖、蔗糖等
	34	DBS13/003—2015	食品安全地方标准 阪崎肠杆菌和沙门菌检测	全部	阪崎肠杆菌和沙门菌	荧光定量 PCR	Ct 值
	35	DBS22/020—2013	食品安全地方标准 动物源性食品中沙门菌环介导等温扩增（LAMP）检测方法	全部	沙门菌	环介导等温扩增法（LAMP）	颜色对比
	36	CAC/GL 73—2010	应用食品卫生通用原则来控制海鲜食品中的致病性弧菌指南	全部	致病性弧菌	无	无

（续）

分类	序号	标准号	标准名称	水产品种类	检测种类	方法	主要技术参数
革兰氏阳性菌检测	37	SN/T 3970—2014	出口食品中白色念珠菌检测方法	全部	白色念珠菌	微生物培养	菌落、孢子
	38	SN/T 0176—2013	出口食品中蜡样芽孢杆菌检测方法	全部	蜡样芽孢杆菌	微生物培养、生理生化实验	菌落、葡萄糖发酵、溶菌酶等

三、寄生虫风险评价技术标准体系

针对公共卫生安全隐患的水产品中寄生虫风险评价标准体系主要包括相关技术标准 13 项，均为行业标准。检测方法包括实时荧光 PCR、虫卵检测及形态学观察等，详细见表 6-3。

表 6-3　水产品中寄生虫风险评价标准体系

序号	标准号	标准名称	水产品种类	检测种类	方法	主要技术参数
1	SN/T 1396—2015	弓形虫病检疫技术规范	全部	弓形虫	形态学鉴定、实时荧光 PCR	镜检判断、电泳条带观察、Ct 值
2	SN/T 4097—2015	贝类派琴虫实时荧光 PCR 检测方法	贝类	贝类派琴虫	实时荧光 PCR	Ct 值
3	SN/T 4290—2015	多子小瓜虫检疫技术规范	鱼类	多子小瓜虫	形态学鉴定、PCR 鉴定	镜检判断、电泳条带观察
4	SN/T 3504—2013	甲壳类水产品中并殖吸虫囊蚴检疫技术规范	甲壳类	并殖吸虫囊蚴	形态学鉴定、PCR 鉴定	镜检判断、电泳条带观察
5	SN/T 2975—2011	鱼华支睾吸虫囊蚴鉴定方法	鱼类	鱼华支睾吸虫囊蚴	压片检查法、蛋白酶消化法、PCR 鉴定	电泳条带观察
6	SN/T 2434—2010	贝类包拉米虫病检疫技术规范	贝类	贝类包拉米虫	病理切片、PCR 鉴定	染色切片观察、电泳条带观察

（续）

序号	标准号	标准名称	水产品种类	检测种类	方法	主要技术参数
7	SN/T 2503—2010	淡水鱼中寄生虫检疫技术规范	淡水鱼类	小瓜虫、黏孢子虫、三代虫、指环虫、有棘颚口线虫、广州管圆线虫、阔节裂头绦虫	镜检	镜检判断
8	SN/T 2713—2010	贝类马尔太虫检疫规范	贝类	贝类马尔太虫	病理切片、PCR鉴定、原位杂交法	染色切片观察、电泳条带观察、杂交信号
9	SN/T 3497—2013	水产品中颚口线虫检疫技术规范	全部	颚口线虫	形态学鉴定、PCR鉴定	镜检判断、电泳条带观察
10	SN/T 1748—2006	进出口食品中寄生虫的检验方法	全部	食源性寄生虫	镜检、烛光法	每千克样品中寄生虫或虫卵个数
11	WS/T 309—2009	华支睾吸虫病诊断标准	鱼类、虾类	华支睾吸虫	生理生化实验	镜检观察、酶联免疫吸附等
12	WS 261—2006	血吸虫病诊断标准	无	血吸虫	生理生化实验	镜检观察、红细胞凝集等

第二节 水产品化学风险评价技术标准体系

一、药物残留风险评价技术标准体系

针对公共卫生安全隐患的水产品中药物风险评价标准体系包括药物残留检测标准和限量标准。

1. 药物残留检测标准体系 主要包括药物残留检测的技术标准273项，涵盖国家、行业及地方标准，检测种类几乎涵盖目前所有可能在水产品中残留的药物。检测方法包括液相色谱法、液相色谱-质谱/质谱法、气相色谱-质谱法、胶体金免疫层析法、放射受体分析法、酶联免疫等，详细见表6-4。

表 6-4 水产品中药物残留风险评价标准体系

分类	序号	标准号	标准名称	水产品种类	检测种类	方法	主要技术参数
喹诺酮类人工合成抗菌药	1	GB/T 23198—2008	动物源性食品中噁喹酸残留量的测定	全部	噁喹酸	液相色谱	色谱图分析
	2	GB/T 21312—2007	动物源性食品中 14 种喹诺酮药物残留检测方法 液相色谱-质谱/质谱法	全部	恩诺沙星、环丙沙星等 14 种	液相色谱-质谱	色谱图分析
	3	GB/T 20751—2006	鳗及制品中 15 种喹诺酮类药物残留量的测定 液相色谱-串联质谱法	鳗	恩诺沙星、环丙沙星等 15 种	液相色谱-质谱	色谱图分析
	4	SC/T 3028—2006	水产品中噁喹酸残留量的测定 液相色谱法	全部	噁喹酸	液相色谱	色谱图分析
	5	SN/T 1751.3—2011	进出口动物源性食品中喹诺酮类药物残留量的测定 第 3 部分：高效液相色谱法	全部	恩诺沙星、环丙沙星等 17 种	高效液相色谱	色谱图分析
	6	SN/T 1921—2007	进出口动物源性食品中氟甲喹残留量的检测方法 液相色谱-质谱/质谱法	全部	氟甲喹	液相色谱-质谱	色谱图分析
	7	SN/T 1751.2—2007	动物源性食品中喹诺酮类药物残留量检测方法 第 2 部分：液相色谱-质谱/质谱法	全部	恩诺沙星、环丙沙星等 16 种	液相色谱-质谱	色谱图分析
	8	农业部 1077 号公告—7—2008	水产品中恩诺沙星、诺氟沙星和环丙沙星残留的快速筛选测定 胶体金免疫渗滤法	全部	恩诺沙星、诺氟沙星、环丙沙星	胶体金免疫渗滤法	试纸条判断

（续）

分类	序号	标准号	标准名称	水产品种类	检测种类	方法	主要技术参数
喹诺酮类人工合成抗菌药	9	农业部 783 号公告—2—2006	水产品中诺氟沙星、盐酸环丙沙星、恩诺沙星残留量的测定 液相色谱法	全部	诺氟沙星、盐酸环丙沙星、恩诺沙星	液相色谱	色谱图分析
	10	DB22/T 2520—2016	养殖鱼中喹诺酮类药物残留量的测定 高效液相色谱-串联质谱法	草鱼、鲢、鲶	吡哌酸、依诺沙星、诺氟沙星、环丙沙星、恩诺沙星、沙拉沙星、西诺沙星	高效液相色谱	色谱图分析
	11	DB35/T 898—2009	水产品中喹诺酮类药物残留量的测定 高效液相色谱法	全部	恩诺沙星、环丙沙星、诺氟沙星、氧氟沙星、噁喹酸、氟甲喹	高效液相色谱	色谱图分析
磺胺类人工合成抗菌药	12	GB/T 22951—2008	河鲀、鳗中 18 种磺胺类药物残留量的测定 液相色谱-串联质谱法	河鲀和鳗	磺胺嘧啶、磺胺吡啶等 18 种磺胺类药物	液相色谱-质谱	色谱图分析
	13	GB/T 21173—2007	动物源性食品中磺胺类药物残留测定方法 放射受体分析法	全部	磺胺类	放射受体分析法	计数仪计数
	14	GB/T 21316—2007	动物源性食品中磺胺类药物残留量的测定 液相色谱-质谱/质谱法	全部	磺胺醋酰、磺胺嘧啶等 23 种磺胺类药物	液相色谱-质谱	色谱图分析
	15	SN/T 5140—2019	出口动物源食品中磺胺类药物残留量的测定	全部	磺胺类	高效液相色谱	色谱图分析
	16	SN/T 4808—2017	进出口食用动物、饲料中磺胺类药物的测定 酶联免疫吸附法	全部	磺胺甲噁唑、磺胺对甲氧嘧啶等 9 种磺胺类药物	酶联免疫法	吸光度
	17	SN/T 4816—2017	进出口食用动物中磺胺类药物残留量的测定 液相色谱-质谱/质谱法	全部	磺胺类	液相色谱-质谱	色谱图分析

（续）

分类	序号	标准号	标准名称	水产品种类	检测种类	方法	主要技术参数
磺胺类人工合成抗菌药	18	SN/T 4057—2014	出口动物源性食品中磺胺类药物残留量的测定 免疫亲和柱净化-HPLC和LC-MSMS法	全部	磺胺醋酰、磺胺二甲异嘧啶	液相色谱-质谱	色谱图分析
	19	SN/T 1960—2007	进出口动物源性食品中磺胺类药物残留量的检测方法 酶联免疫吸附法	全部	磺胺二甲异噁唑、磺胺甲氧嗪等7种磺胺类药物	酶联免疫法	吸光度
	20	SN/T 1965—2007	鳗及其制品中磺胺类药物残留量测定方法 高效液相色谱法	全部	磺胺类	高效液相色谱	色谱图分析
	21	SN/T 1765—2006	动物组织中磺胺类抗生素残留量检测方法 放射免疫受体筛选法	全部	磺胺类	放射受体分析法	计数仪计数
	22	SZDB/Z 323—2018	水产品养殖水中21种磺胺类、氯霉素类、四环素类、硝基呋喃类、喹诺酮类和孔雀石绿的测定 高效液相色谱-串联质谱法	无	磺胺类	液相色谱	色谱图分析
	23	农业部1077号公告—1—2008	水产品中17种磺胺类及15种喹诺酮类药物残留量的测定 液相色谱-串联质谱法	全部	磺胺类	液相色谱-质谱	色谱图分析
	24	农业部1025号公告—23—2008	动物源食品中磺胺类药物残留检测 液相色谱-串联质谱法	全部	磺胺类	液相色谱-质谱	色谱图分析
	25	农业部958号公告—12—2007	水产品中磺胺类药物残留量的测定 液相色谱法	全部	磺胺类	液相色谱-质谱	色谱图分析

（续）

分类	序号	标准号	标准名称	水产品种类	检测种类	方法	主要技术参数
磺胺类人工合成抗菌药	26	DB33/T 746—2009	动物源性食品中20种磺胺类药物残留的液相色谱串联质谱测定法	全部	磺胺甲基嘧啶、磺胺吡啶、磺胺甲氧哒嗪等20种磺胺类药物	液相色谱-质谱	色谱图分析
	27	DB22/T 417—2005	动物性食品中的磺胺二甲嘧啶残留量 液相色谱法测定	全部	磺胺二甲嘧啶	液相色谱	色谱图分析
β-内酰胺类抗生素	28	GB 29682—2013	食品安全国家标准 水产品中青霉素类药物残留的测定 高效液相色谱法	全部	青霉素	高效液相色谱	色谱图分析
	29	GB 29702—2013	食品安全国家标准 水产品中甲氧苄啶残留量的测定 高效液相色谱法	全部	甲氧苄啶	高效液相色谱	色谱图分析
	30	GB/T 22960—2008	河鲀和鳗中头孢唑啉、头孢匹林、头孢氨苄、头孢洛宁、头孢喹肟残留量的测定 液相色谱-串联质谱法	河鲀和鳗	头孢唑啉、头孢匹林、头孢氨苄、头孢洛宁、头孢喹肟	液相色谱-质谱	色谱图分析
	31	GB/T 22952—2008	河鲀和鳗中阿莫西林、氨苄西林、哌拉西林、青霉素G、青霉素V、苯唑西林、氯唑西林、萘夫西林、双氯西林残留量的测定 液相色谱-串联质谱法	河鲀和鳗	阿莫西林、氨苄西林、哌拉西林、青霉素G、青霉素V、苯唑西林、氯唑西林、萘夫西林、双氯西林	液相色谱-质谱	色谱图分析
	32	GB/T 21174—2007	动物源性食品中β-内酰胺类药物残留分析法 放射受体分析法	全部	β-内酰胺类	放射受体分析法	计数仪计数

（续）

分类	序号	标准号	标准名称	水产品种类	检测种类	方法	主要技术参数
β-内酰胺类抗生素	33	GB/T 21314—2007	动物源性食品中头孢匹林、头孢噻呋残留量检测方法 液相色谱-质谱/质谱法	全部	头孢匹林、头孢噻呋	液相色谱-质谱	色谱图分析
	34	GB/T 21315—2007	动物源性食品中青霉素族抗生素残留量检测方法 液相色谱-质谱/质谱法	全部	青霉素	液相色谱-质谱	色谱图分析
	35	SN/T 4810—2017	进出口食用动物β-内酰胺类药物残留的测定 放射受体分析法	全部	β-内酰胺类	放射受体分析法	计数仪计数
	36	SN/T 2538—2010	进出口动物源性食品中二甲氧苄氨嘧啶、三甲氧苄氨嘧啶和二甲氧甲基苄氨嘧啶残留量的检测方法 液相色谱-质谱/质谱法	全部	二甲氧苄氨嘧啶、三甲氧苄氨嘧啶、二甲氧甲基苄氨嘧啶	液相色谱-质谱	色谱图分析
	37	SN/T 2050—2008	进出口动物源食品中14种β-内酰胺类抗生素残留量检测方法 液相色谱-质谱/质谱法	全部	双氯青霉素等14种β-内酰胺类药物	液相色谱-质谱	色谱图分析
	38	SN/T 2127—2008	进出口动物源性食品中β-内酰胺类药物残留检测方法 微生物抑制法	全部	β-内酰胺类	微生物抑制法	抑菌圈直径
	39	SN/T 1988—2007	进出口动物源食品中头孢氨苄、头孢匹林和头孢唑啉残留量检测方法 液相色谱-质谱/质谱法	全部	头孢氨苄、头孢唑林、头孢匹林	液相色谱-质谱	色谱图分析
	40	农业部1163号公告—5—2009	动物性食品中氨苄西林残留检测 高效液相色谱法	全部	氨苄西林	高效液相色谱	色谱图分析

（续）

分类	序号	标准号	标准名称	水产品种类	检测种类	方法	主要技术参数
β-内酰胺类抗生素	41	DB33/T 615—2006	水产品中甲氧苄氨嘧啶残留量的测定 液相色谱法	全部	甲氧苄氨嘧啶	液相色谱	色谱图分析
大环内酯类抗生素	42	GB 31660.1—2019	食品安全国家标准 水产品中大环内酯类药物残留量的测定 液相色谱-串联质谱法	全部	竹桃霉素、红霉素、克拉霉素、阿奇霉素、吉他霉素、交沙霉素、螺旋霉素、替米考星、泰乐菌素	液相色谱-质谱	色谱图分析
	43	GB 29684—2013	食品安全国家标准 水产品中红霉素残留量的测定 液相色谱-串联质谱法	全部	红霉素	液相色谱-质谱	色谱图分析
	44	SN/T 4747.1—2017	进出口食用动物大环内酯类药物残留量的测定 放射受体分析法	全部	大环内酯类	放射受体分析法	计数仪计数
	45	SN/T 4747.2—2017	进出口食用动物大环内酯类药物残留量的测定 微生物抑制法	全部	大环内酯类	微生物学测定法	抑菌圈直径
	46	SN/T 4747.3—2017	进出口食用动物大环内酯类药物残留量的测定 液相色谱-质谱/质谱法	全部	大环内酯类	高效液相色谱	色谱图分析
	47	SN/T 4483—2016	出口活鱼泰妙菌素检测技术规范	鱼类	泰妙菌素	液相色谱-质谱	色谱图分析
	48	SN/T 4584—2016	出口动物源性食品中沃尼妙林和泰妙菌素残留量的测定 液相色谱-质谱/质谱法	全部	沃尼妙林和泰妙菌素	液相色谱-质谱	色谱图分析
	49	SN/T 4015—2013	出口动物源性食品中柱晶白霉素残留检测方法 液相色谱-质谱/质谱法	全部	柱晶白霉素	液相色谱-质谱	色谱图分析

（续）

分类	序号	标准号	标准名称	水产品种类	检测种类	方法	主要技术参数
大环内酯类抗生素	50	SN/T 1777.3—2008	进出口动物源食品中大环内酯类抗生素残留检测方法 微生物抑制法	全部	大环内酯类	微生物学测定法	抑菌圈直径
	51	SN/T 1777.2—2007	动物源性食品中大环内酯类抗生素残留测定方法 第2部分：高效液相色谱-串联质谱法	全部	大环内酯类	高效液相色谱	色谱图分析
	52	SN/T 1777.1—2006	动物源性食品中大环内酯残留测定方法 第1部分：放射受体分析法	全部	大环内酯类	放射受体分析法	计数仪计数
	53	农业部1163号公告—6—2009	动物性食品中泰乐菌素残留检测高效液相色谱法	全部	泰乐菌素	高效液相色谱	色谱图分析
	54	DB37/T 3234—2018	动物源食品中泰万菌素残留量的测定 液相色谱-串联质谱法	全部	泰万菌素	液相色谱-质谱	色谱图分析
	55	DB34/T 1372—2011	动物组织中泰乐菌素的残留测定 酶联免疫吸附法	全部	泰乐菌素	酶联免疫法	吸光度
氨基糖苷类抗生素	56	GB/T 22954—2008	河魨和鳗中链霉素、双氢链霉素和卡那霉素残留量的测定 液相色谱-串联质谱法	河魨和鳗	链霉素、双氢链霉素、卡那霉素	液相色谱-质谱	色谱图分析
	57	GB/T 21323—2007	动物组织中氨基糖苷类药物残留量的测定 高效液相色谱-质谱/质谱法	全部	壮观霉素、潮霉素B等10种氨基糖苷类	液相色谱-质谱	色谱图分析
	58	GB/T 21329—2007	动物组织中氨基糖苷类药物残留量的测定高效液相色谱-质谱/质谱法	全部	庆大霉素	酶联免疫法	吸光度

（续）

分类	序号	标准号	标准名称	水产品种类	检测种类	方法	主要技术参数
	59	GB/T 21330—2007	动物源性食品中链霉素残留量测定方法 酶联免疫法	全部	链霉素	酶联免疫法	吸光度
	60	SN/T 5117—2019	进出口食用动物、饲料链霉素类（链霉素、二氢链霉素）药物残留测定 液相色谱-质谱/质谱法	全部	链霉素、二氢链霉素	液相色谱-质谱	色谱图分析
	61	SN/T 5119—2019	进出口食用动物中新霉素药物残留测定 酶联免疫吸附法和液相色谱-质谱/质谱法	全部	新霉素	酶联免疫法、液相色谱-质谱	吸光度、色谱图分析
氨基糖苷类抗生素	62	SN/T 2487—2010	进出口动物源食品中阿布拉霉素残留量检测方法 液相色谱-质谱/质谱法	全部	阿布拉霉素	液相色谱-质谱	色谱图分析
	63	GB 23200.74—2016	食品安全国家标准 食品中井冈霉素残留量的测定 液相色谱-质谱/质谱法	全部	井冈霉素	液相色谱-质谱	色谱图分析
	64	农业部1163号公告—7—2009	动物性食品中庆大霉素残留检测 高效液相色谱法	全部	庆大霉素	高效液相色谱	色谱图分析
	65	农业部1077号公告—3—2008	水产品中链霉素残留量的测定 高效液相色谱法	全部	链霉素	高效液相色谱	色谱图分析
	66	DB36/T 412—2003	动物可食性组织中庆大霉素残留的检测方法-微生物学测定法	全部	庆大霉素	微生物学测定法	抑菌圈直径

（续）

分类	序号	标准号	标准名称	水产品种类	检测种类	方法	主要技术参数
	67	GB/T 22959—2008	河鲀、鳗和烤鳗中氯霉素、甲砜霉素和氟苯尼考残留量的测定 液相色谱-串联质谱法	河鲀和鳗	氯霉素、甲砜霉素、氟苯尼考	液相色谱-质谱	色谱图分析
	68	GB/T 22338—2008	动物源性食品中氯霉素类药物残留量测定	全部	氯霉素、氟甲砜霉素、甲砜霉素	液相色谱-质谱	色谱图分析
	69	GB/T 20756—2006	可食动物肌肉、肝脏和水产品中氯霉素、甲砜霉素和氟苯尼考残留量的测定 液相色谱-串联质谱法	鱼类、虾类	氯霉素、甲砜霉素、氟苯尼考	液相色谱-质谱	色谱图分析
	70	SC/T 3018—2004	水产品中氯霉素残留量的测定 气相色谱法	全部	氯霉素	气相色谱法	色谱图分析
酰胺醇类抗生素	71	SN/T 1865—2016	出口动物源食品中甲砜霉素、氟甲砜霉素和氟苯尼考胺残留量的测定 液相色谱-质谱/质谱法	全部	甲砜霉素、氟甲砜霉素、氟苯尼考	液相色谱-质谱	色谱图分析
	72	SN/T 2423—2010	动物源性食品中甲砜霉素和氟甲砜霉素药物残留检测方法 微生物抑制法	全部	甲砜霉素、氟甲砜霉素	微生物学测定法	抑菌圈直径
	73	SN/T 1864—2007	进出口动物源食品中氯霉素残留量的检测方法 液相色谱-串联质谱法	全部	氯霉素	液相色谱-质谱	色谱图分析
	74	农业部 1025 号公告—26—2008	动物源食品中氯霉素残留检测 酶联免疫吸附法	全部	氯霉素	酶联免疫法	吸光度
	75	农业部 1025 号公告—21—2008	动物源食品中氯霉素残留检测 气相色谱法	全部	氯霉素	气相色谱法	色谱图分析

（续）

分类	序号	标准号	标准名称	水产品种类	检测种类	方法	主要技术参数
酰胺醇类抗生素	76	农业部 958 号公告—13—2007	水产品中氯霉素、甲砜霉素、氟甲砜霉素残留量的测定 气相色谱法	全部	氯霉素、甲砜霉素、氟甲砜霉素	气相色谱法	色谱图分析
	77	农业部 958 号公告—14—2007	水产品中氯霉素、甲砜霉素、氟甲砜霉素残留量的测定 气相色谱质谱法	全部	氯霉素、甲砜霉素、氟甲砜霉素	气相色谱-质谱法	色谱图分析
	78	农业部 781 号公告—2—2006	动物源食品中氯霉素残留量的测定 高效液相色谱-串联质谱法	全部	氯霉素	高效液相色谱-质谱法	色谱图分析
	79	农业部 781 号公告—1—2006	动物源食品中氯霉素残留量的测定 气相色谱-质谱法	全部	氯霉素	气相色谱法	色谱图分析
	80	DB21/T 2410—2015	养殖水体中氯霉素残留量的测定 高效液相色谱-串联质谱法	无	氯霉素	高效液相色谱	色谱图分析
	81	DB34/T 2254—2014	水产品中氯霉素残留的检测 胶体金免疫层析法	鱼类、龟类	氯霉素	胶体金免疫渗滤法	试纸条判断
	82	DB34/T 821—2008	动物组织中氯霉素的残留测定 酶联免疫吸附法	全部	氯霉素	酶联免疫法	吸光度
	83	DB43/T 343—2007	动物组织中氯霉素残留量的测定	全部	氯霉素	液相色谱、酶联免疫法	色谱图分析、吸光度
四环素类抗生素	84	GB/T 22961—2008	河鲀、鳗中土霉素、四环素、金霉素、强力霉素残留量的测定 液相色谱-紫外检测法	河鲀和鳗	土霉素、四环素、金霉素、强力霉素	液相色谱-紫外检测法	色谱图分析

（续）

分类	序号	标准号	标准名称	水产品种类	检测种类	方法	主要技术参数
四环素类抗生素	85	GB/T 21317—2007	动物源性食品中四环素类兽药残留量检测方法 液相色谱-质谱/质谱法与高效液相色谱法	全部	二甲胺四环素、土霉素、四环素、去甲基金霉素、金霉素、甲烯土霉素、强力霉素	液相色谱-质谱	色谱图分析
	86	GB/T 20764—2006	可食动物肌肉中土霉素、四环素、金霉素、强力霉素残留量的测定 液相色谱-紫外检测法	全部	土霉素、四环素、金霉素、强力霉素	液相色谱-紫外检测法	色谱图分析
	87	SC/T 3015—2002	水产品中土霉素、四环素、金霉素残留量的测定	全部	土霉素、四环素、金霉素	液相色谱	色谱图分析
	88	SN/T 4814—2017	进出口食用动物四环素类药物残留量的测定 液相色谱-质谱/质谱法	全部	土霉素、四环素、金霉素、强力霉素	液相色谱-质谱	色谱图分析
	89	DB37/T 3632—2019	渔业用水中多西环素、四环素、土霉素、金霉素残留量的测定 高效液相色谱法	无	多西环素、四环素、土霉素、金霉素	高效液相色谱	色谱图分析
	90	DB33/T 691—2008	水产品中土霉素、四环素、金霉素、强力霉素残留量的测定 高效液相色谱荧光检测法	全部	土霉素、四环素、金霉素、强力霉素	高效液相色谱荧光检测法	色谱图分析
林可酰胺类抗生素	91	GB/T 22964—2008	河鲀、鳗中林可霉素、竹桃霉素、红霉素、替米考星、泰乐菌素、螺旋霉素、吉他霉素、交沙霉素残留量的测定 液相色谱-串联质谱法	河鲀和鳗	林可霉素、竹桃霉素、红霉素、替米考星、泰乐菌素、螺旋霉素、吉他霉素、交沙霉素	液相色谱-质谱	色谱图分析

（续）

分类	序号	标准号	标准名称	水产品种类	检测种类	方法	主要技术参数
林可酰胺类抗生素	92	SN/T 3585—2013	出口活鱼克林霉素检测技术规范	鱼类	克林霉素	液相色谱-质谱	色谱图分析
	93	SN/T 2218—2008	进出口动物源性食品中林可酰胺类药物残留量的检测方法 液相色谱-质谱/质谱法	全部	林可霉素、吡利霉素、克林霉素	液相色谱-质谱	色谱图分析
	94	农业部1163号公告—2—2009	动物性食品中林可霉素和大观霉素残留检测 气相色谱法	全部	林可霉素、大观霉素	气相色谱法	色谱图分析
硝基呋喃类抗菌药	95	GB/T 21311—2007	动物源性食品中硝基呋喃类药物代谢物残留量检测方法 高效液相色谱-串联质谱法	全部	硝基呋喃类药物	高效液相色谱-质谱	色谱图分析
	96	GB/T 20752—2006	猪肉、牛肉、鸡肉、猪肝和水产品中硝基呋喃类代谢物残留量的测定 液相色谱-串联质谱法	全部	硝基呋喃类代谢物	液相色谱-质谱	色谱图分析
	97	NY/T 3410—2018	畜禽肉和水产品中呋喃唑酮的测定	全部	呋喃唑酮	液相色谱	色谱图分析
	98	SC/T 33022—2004	水产品中呋喃唑酮残留量的测定 液相色谱法	全部	呋喃唑酮	液相色谱	色谱图分析
	99	SN/T 5113—2019	进出口食用动物、饲料中呋喃测定 液相色谱-质谱/质谱法和液相色谱法	全部	硝基呋喃类代谢物	液相色谱-质谱、液相色谱法	色谱图分析
	100	SN/T 1928—2007	进出口动物源食品中硝基咪唑残留量的检测方法 液相色谱-质谱/质谱法	全部	硝基咪唑	液相色谱-质谱	色谱图分析

（续）

分类	序号	标准号	标准名称	水产品种类	检测种类	方法	主要技术参数
	101	农业部 1077 号公告—2—2008	水产品中硝基呋喃类代谢物残留量的测定 高效液相色谱法	全部	硝基呋喃类代谢物	高效液相色谱	色谱图分析
	102	农业部 1025 号公告—17—2008	动物源性食品中呋喃唑酮残留标示物残留检测 酶联免疫吸附法	全部	呋喃唑酮	酶联免疫法	吸光度
	103	农业部 783 号公告—1—2006	水产品中硝基呋喃类代谢物残留量的测定 液相色谱-串联质谱法	全部	硝基呋喃类代谢物	液相色谱-质谱	色谱图分析
	104	农业部 781 号公告—4—2006	动物源食品中硝基呋喃类代谢物残留量的测定 高效液相色谱-串联质谱法	全部	硝基呋喃类药物	高效液相色谱-质谱	色谱图分析
硝基呋喃类抗菌药	105	DB34/T 2253—2014	水产品中硝基呋喃类代谢物残留的检测 胶体金免疫层析法	鱼类、龟类	硝基呋喃类代谢物	胶体金免疫渗滤法	试纸条判断
	106	DB34/T 1838—2013	动物源性组织中硝基呋喃类药物代谢物残留量检测 高效液相色谱荧光法	全部	硝基呋喃类代谢物	高效液相色谱荧光法	色谱图分析
	107	DBS22/016—2013	食品安全地方标准 水产品中呋喃唑酮代谢物（AOZ）的测定 ELISA 法	全部	呋喃唑酮代谢物（AOZ）	酶联免疫法	吸光度
	108	DB34/T 1839—2013	水产品中硝基呋喃类药物代谢物残留量检测方法 高效液相色谱荧光法	全部	硝基呋喃类代谢物	高效液相色谱荧光法	色谱图分析
	109	DB44/T 1009—2012	水体中呋喃西林的检测规范	无	呋喃西林	无	无

（续）

分类	序号	标准号	标准名称	水产品种类	检测种类	方法	主要技术参数
硝基呋喃类抗菌药	110	DB37/T 1779—2011	水产苗种中硝基呋喃类原药残留量的测定 液相色谱-串联质谱法	水产苗种	呋喃唑酮、呋喃西林、呋喃妥因和呋喃它酮	液相色谱-质谱	色谱图分析
	111	DB34T 1034—2009	动物组织中呋喃唑酮和磺胺类药物的残留测定 高效液相色谱法	全部	呋喃唑酮和磺胺类药物	高效液相色谱	色谱图分析
	112	DB33/T 744—2009	水产品中呋喃唑酮、呋喃它酮代谢物的快速测定 酶联免疫法	全部	呋喃唑酮、呋喃它酮代谢物	酶联免疫法	吸光度
硝基咪唑类抗菌药	113	SN/T 1626—2019	出口肉及肉制品中甲硝唑、替硝唑、奥硝唑、洛硝哒唑、二甲硝咪唑、塞克硝唑残留量测定方法 液相色谱-质谱/质谱法	全部	甲硝唑、替硝唑、奥硝唑、洛硝哒唑、二甲硝咪唑、塞克硝唑	液相色谱-质谱	色谱图分析
	114	SN/T 4809—2017	进出口食用动物、饲料中甲硝唑和二甲硝咪唑药物的测定 液相色谱-质谱/质谱法	全部	甲硝唑和二甲硝咪唑	液相色谱-质谱	色谱图分析
	115	SN/T 4520—2016	出口动物源食品中硝呋索尔代谢物残留量的测定 液相色谱-质谱/质谱法	全部	呋喃喹酮代谢物、呋喃它酮代谢物、呋喃西林代谢物、呋喃妥因代谢物	液相色谱-质谱	色谱图分析
	116	SN/T 3380—2012	出口动物源食品中硝基呋喃代谢物残留量的测定 酶联免疫吸附法	全部	呋喃喹酮代谢物、呋喃它酮代谢物、呋喃西林代谢物、呋喃妥因代谢物	酶联免疫法	吸光度
	117	SN/T 2451—2010	动物源性食品中呋喃苯烯酸钠残留量检测方法 液相色谱-质谱/质谱法	全部	呋喃苯烯酸钠	液相色谱-质谱	色谱图分析

（续）

分类	序号	标准号	标准名称	水产品种类	检测种类	方法	主要技术参数
硝基咪唑类抗菌药	118	SN/T 1928—2007	进出口动物源性食品中硝基咪唑残留量检测方法 液相色谱-质谱/质谱法	全部	硝基咪唑	液相色谱-质谱	色谱图分析
	119	DB33/T 693—2008	动物源性食品中硝基咪唑类药物残留量的测定 高效液相色谱法	全部	甲硝唑、洛硝哒唑、地美硝唑、替硝唑、奥硝唑	高效液相色谱	色谱图分析
多肽类药物	120	SN/T 5142—2019	进出口动物源性食品中黏菌素残留量的测定 液相色谱-串联质谱法	全部	黏菌素	液相色谱-质谱	色谱图分析
	121	SN/T 4807—2017	进出口食用动物、饲料中杆菌肽的检测方法	全部	杆菌肽	液相色谱	色谱图分析
	122	SN/T 4142—2015	动物源性产品中多种抗生素残留总量检测 微生物代谢抑制法	全部	杆菌肽	微生物学测定法	抑菌圈直径
	123	SN/T 2223—2008	进出口动物源性食品中硫黏菌素残留量检测方法 液相色谱-质谱/质谱法	全部	硫黏菌素	液相色谱-质谱	色谱图分析
	124	DB34/T 1371—2011	动物组织中那西肽的残留测定 气相色谱质谱法	全部	那西肽	气相色谱质谱法	色谱图分析
杀虫剂类药物	125	GB 23200.92—2016	动物源性食品中五氯酚残留量的测定 液相色谱-质谱法	全部	五氯酚	液相色谱-质谱	色谱图分析
	126	GB 29687—2013	食品安全国家标准 水产品中阿苯达唑及其代谢物多残留的测定 高效液相色谱法	全部	阿苯达唑及其代谢	高效液相色谱	色谱图分析

（续）

分类	序号	标准号	标准名称	水产品种类	检测种类	方法	主要技术参数
杀虫剂类药物	127	GB 29695—2013	食品安全国家标准 水产品中阿维菌素和伊维菌素多残留的测定 高效液相色谱法	全部	阿维菌素、伊维菌素	高效液相色谱	色谱图分析
	128	GB 29705—2013	食品安全国家标准 水产品中氯氰菊酯、氰戊菊酯、溴氰菊酯多残留的测定 气相色谱法	全部	氯氰菊酯、氰戊菊酯、溴氰菊酯	气相色谱法	色谱图分析
	129	GB/T 22953—2008	河鲀、鳗和烤鳗中伊维菌素、阿维菌素、多拉菌素和乙酰氨基阿维菌素残留量的测定 液相色谱-串联质谱法	河鲀和鳗	伊维菌素、阿维菌素、多拉菌素、乙酰氨基阿维菌素	液相色谱-质谱	色谱图分析
	130	GB/T 22955—2008	河鲀、鳗和烤鳗中苯并咪唑类药物残留量的测定 液相色谱-串联质谱法	河鲀和鳗	苯并咪唑类药物	液相色谱-质谱	色谱图分析
	131	GB/T 22956—2008	河鲀、鳗和烤鳗中吡喹酮残留量的测定 液相色谱-串联质谱法	河鲀和鳗	吡喹酮	液相色谱-质谱	色谱图分析
	132	GB/T 5009.162—2008	动物性食品中有机氯农药和拟除虫菊酯农药多组分残留量的测定	全部	有机氯农药和拟除虫菊酯农药	气相色谱-质谱、气相色谱-电子检测捕获器法	色谱图分析
	133	GB/T 21319—2007	动物源食品中阿维菌素类药物残留的测定 酶联免疫吸附法	全部	阿维菌素、伊维菌素、埃普利诺菌素	酶联免疫法	吸光度
	134	GB/T 21320—2007	动物源食品中阿维菌素类药物残留量的测定 液相色谱-串联质谱法	全部	多拉菌素、埃普利诺菌素、阿维菌素、伊维菌素	液相色谱-质谱	色谱图分析

（续）

分类	序号	标准号	标准名称	水产品种类	检测种类	方法	主要技术参数
杀虫剂类药物	135	GB/T 21321—2007	动物源食品中阿维菌素类药物残留量的测定 免疫亲和-液相色谱法	全部	多拉菌素、埃普利诺菌素、阿维菌素、伊维菌素	免疫亲和-液相色谱法	色谱图分析
	136	GB 23200.72—2016	食品安全国家标准 食品中苯酰胺类农药残留量的测定 气相色谱-质谱法	全部	毒草胺、氯苯胺灵等25种苯酰胺类农药	气相色谱法	色谱图分析
	137	GB 23200.76—2016	食品安全国家标准 食品中氟苯虫酰胺残留量的测定 液相色谱-质谱/质谱法	全部	氟苯虫酰胺	液相色谱-质谱	色谱图分析
	138	SC/T 3040—2008	水产品中三氯杀螨醇残留量测定 气相色谱法	全部	三氯杀螨醇	气相色谱法	色谱图分析
	139	SC/T 3030—2006	水产品中五氯苯酚及其钠盐残留量的测定 气相色谱法	全部	五氯苯酚及其钠盐	气相色谱法	色谱图分析
	140	SN/T 5121—2019	进出口食用动物、饲料中伊维菌素残留测定 液相色谱-质谱/质谱法	全部	伊维菌素	液相色谱-质谱	色谱图分析
	141	SN/T 5111—2019	进出口食用动物、饲料吡喹酮药物残留测定 液相色谱-质谱/质谱法	全部	吡喹酮	液相色谱-质谱	色谱图分析
	142	SN/T 1979—2019	出口动物源食品中吡喹酮残留量的测定 液相色谱-质谱/质谱法	全部	吡喹酮	液相色谱-质谱	色谱图分析
	143	SN/T 4891—2017	出口食品中螺虫乙酯残留量的测定 高效液相色谱和液相色谱-质谱/质谱法	全部	螺虫乙酯	液相色谱-质谱	色谱图分析

（续）

分类	序号	标准号	标准名称	水产品种类	检测种类	方法	主要技术参数
杀虫剂类药物	144	SN/T 4811—2017	进出口食用动物艾玛菌素残留量的测定 液相色谱-质谱/质谱法	全部	艾玛菌素	液相色谱-质谱	色谱图分析
	145	SN/T 4812—2017	进出口食用动物氨丙啉药物残留量的测定 液相色谱-质谱/质谱法	全部	氨丙啉	液相色谱-质谱	色谱图分析
	146	SN/T 4813—2017	进出口食用动物拟除虫菊酯类残留量测定方法 气相色谱-质谱/质谱法	全部	联苯菊酯、氟丙菊酯等12种拟除虫菊酯类药物	气相色谱-质谱	色谱图分析
	147	SN/T 4850—2017	出口食品中草胺膦及其代谢物残留量的测定 液相色谱-质谱/质谱法	全部	草胺膦及其代谢物	液相色谱-质谱	色谱图分析
	148	SN/T 4583—2016	出口动物源食品中氨丙啉残留量的测定 液相色谱-质谱/质谱法	全部	氨丙啉	液相色谱-质谱	色谱图分析
	149	SN/T 4252—2015	出口动物源性食品中咪唑脲苯残留量检测方法 液相色谱法和液相色谱-质谱/质谱法	全部	咪唑脲苯	液相色谱、液相色谱-质谱	色谱图分析
	150	SN/T 4021—2014	出口鱼油和鱼饲料中毒杀芬残留量的检测方法	全部	毒杀芬	气相色谱-质谱	色谱图分析
	151	SN/T 0502—2013	出口水产品中毒杀芬残留量的测定 气相色谱法	鳕、扇贝、虾蟹	毒杀芬	气相色谱法	色谱图分析
	152	SN/T 3381—2012	出口食品中烟曲霉素残留量的测定 液相色谱法-质谱/质谱法	全部	烟曲霉素	液相色谱-质谱	色谱图分析

（续）

分类	序号	标准号	标准名称	水产品种类	检测种类	方法	主要技术参数
杀虫剂类药物	153	SN/T 2908—2011	出口动物源性食品中氯舒隆残留量检测方法 液相色谱-质谱/质谱法	全部	氯舒隆	液相色谱-质谱	色谱图分析
	154	SN/T 2909—2011	出口动物源性食品中羟氯柳苯胺残留量的测定 液相色谱-质谱/质谱法	全部	羟氯柳苯胺	液相色谱-质谱	色谱图分析
	155	SN/T 3144—2011	出口动物源食品中抗球虫药物残留量检测方法 液相色谱-质谱/质谱法	全部	20种抗球虫药物	液相色谱-质谱	色谱图分析
	156	SN/T 2442—2010	动物源性食品中莫西丁克残留量检测方法 液相色谱-质谱/质谱法	全部	莫西丁克	液相色谱-质谱	色谱图分析
	157	SN/T 2453—2010	进出口动物源性食品中二硝托胺残留量的测定 液相色谱-质谱/质谱法	全部	二硝托胺	液相色谱-质谱	色谱图分析
	158	SN/T 0125—2010	进出口食品中敌百虫残留量的检测方法 液相色谱-质谱/质谱法	全部	敌百虫	液相色谱-质谱	色谱图分析
	159	SN/T 2317—2009	进出口动物源性食品中哌嗪残留量检测方法 液相色谱-质谱/质谱法	全部	哌嗪	液相色谱-质谱	色谱图分析
	160	SN/T 2318—2009	动物源性食品中地克珠利、妥曲珠利、妥曲珠利亚砜和妥曲珠利砜残留量的检测 高效液相色谱-质谱/质谱法	全部	地克珠利、妥曲珠利、妥曲珠利亚砜和妥曲珠利砜	高效液相色谱-质谱	色谱图分析

（续）

分类	序号	标准号	标准名称	水产品种类	检测种类	方法	主要技术参数
	161	SN/T 2153—2008	进出口动物源性食品中地昔尼尔残留量检测方法 液相色谱-质谱/质谱法	全部	地昔尼尔	液相色谱-质谱	色谱图分析
	162	SN/T 1979—2007	进出口动物源性食品中吡喹酮残留量检测方法 液相色谱-质谱/质谱法	全部	吡喹酮	液相色谱-质谱	色谱图分析
	163	SN/T 1987—2007	进出口动物源性食品中雷复尼特残留量的检测方法 高效液相色谱法	全部	雷复尼特	高效液相色谱	色谱图分析
	164	SN/T 1926—2007	进出口动物源食品中敌菌净残留量的检测方法	全部	敌菌净	高效液相色谱、液相色谱-质谱	色谱图分析
杀虫剂类药物	165	SN/T 1971—2007	进出口食品中茚虫威残留量的检测方法 气相色谱法和液相色谱-质谱/质谱法	全部	茚虫威	气相色谱法、液相色谱-质谱	色谱图分析
	166	农业部1163号公告—4—2009	动物性食品中阿苯达唑及其标示物残留检测 高效液相色谱法	全部	阿苯达唑	高效液相色谱	色谱图分析
	167	农业部1163号公告—3—2009	动物性食品中双甲脒残留标示物检测 气相色谱法	全部	双甲脒残留标示物	气相色谱法	色谱图分析
	168	农业部783号公告—3—2006	水产品中敌百虫残留量的测定 气相色谱法	全部	敌百虫	气相色谱法	色谱图分析
	169	DB37/T 3406—2018	水产品中三嗪类、酰胺类、二硝基苯胺类 除草剂残留量的测定 气相色谱-质谱法	全部	乙酰甲喹	液相色谱	色谱图分析

（续）

分类	序号	标准号	标准名称	水产品种类	检测种类	方法	主要技术参数
杀虫剂类药物	170	DB33/T 610—2017	渔业环境中三唑磷的测定	无	三唑磷	气相色谱法、气相色谱-质谱法	色谱图分析
	171	DB22/T 2465—2016	水中三唑锡、苯丁锡残留量的测定 液相色谱-电感耦合等离子体质谱法	无	三唑锡、苯丁锡	液相色谱-电感耦合等离子体质谱法	色谱图分析
	172	DB43/T 1066—2015	渔业水体中氯硝柳胺的测定 液相色谱法	无	氯硝柳胺	液相色谱	色谱图分析
	173	DB35/T 884—2009	鳗鲡肌肉中阿苯达唑、阿苯达唑亚砜和阿苯达唑砜残留量的测定 高效液相色谱法	鳗鲡	阿苯达唑、阿苯达唑亚砜、阿苯达唑砜	高效液相色谱	色谱图分析
	174	SC/T 3034—2006	水产品中三唑磷残留量的测定 气相色谱法	全部	三唑磷	气相色谱法	色谱图分析
激素类药物	175	GB 31660.2—2019	食品安全国家标准 水产品中辛基酚、壬基酚、双酚A、己烯雌酚、雌酮、17α-乙炔雌二醇、17β-雌二醇、雌三醇残留量的测定 气相色谱-质谱法	全部	辛基酚、壬基酚、双酚A、己烯雌酚、雌酮、17α-乙炔雌二醇、17β-雌二醇、雌三醇	气相色谱-质谱	色谱图分析
	176	GB/T 22957—2008	河鲀、鳗及烤鳗中9种糖皮质激素残留量的测定 液相色谱-串联质谱法	河鲀和鳗	泼尼松、可的松等9种糖皮质激素	液相色谱-质谱	色谱图分析

（续）

分类	序号	标准号	标准名称	水产品种类	检测种类	方法	主要技术参数
激素类药物	177	GB/T 22963—2008	河鲀、鳗和烤鳗中玉米赤霉醇、玉米赤霉酮、己烯雌酚、己烷雌酚、双烯雌酚残留量的测定 液相色谱-串联质谱法	河鲀和鳗	玉米赤霉醇、玉米赤霉酮、己烯雌酚、己烷雌酚、双烯雌酚	液相色谱-质谱	色谱图分析
	178	GB/T 22962—2008	河鲀、鳗和烤鳗中烯丙孕素、氯地孕酮残留量的测定 液相色谱-串联质谱法	河鲀和鳗	烯丙孕素、氯地孕酮	液相色谱-质谱	色谱图分析
	179	GB/T 21981—2008	动物源食品中激素多残留检测方法 液相色谱-质谱/质谱法	全部	氟甲睾酮、美睾酮等50种激素	液相色谱-质谱	色谱图分析
	180	GB/T 23218—2008	动物源性食品中玉米赤霉醇残留量的测定 液相色谱-串联质谱法	全部	玉米赤霉醇	液相色谱-质谱	色谱图分析
	181	GB/T 21982—2008	动物源食品中玉米赤霉醇、β-玉米赤霉醇、α-玉米赤霉烯醇、β-玉米赤霉烯醇、玉米赤霉酮和玉米赤霉烯酮残留量检测方法 液相色谱-质谱/质谱法	全部	玉米赤霉醇、β-玉米赤霉醇、α-玉米赤霉烯醇、β-玉米赤霉烯醇、玉米赤霉酮和玉米赤霉烯酮	液相色谱-质谱	色谱图分析
	182	DBS22/015—2013	食品安全地方标准 水产品中炔诺酮的测定 ELISA法	全部	炔诺酮	酶联免疫法	吸光度
	183	DB37/T 1778—2011	水产品中雌激素残留量的测定 气相色谱质谱法	全部	雌激素	气相色谱-质谱	色谱图分析

（续）

分类	序号	标准号	标准名称	水产品种类	检测种类	方法	主要技术参数
	184	SN/T 4744—2017	进出口食用动物性激素残留量的测定 液相色谱-质谱/质谱法	全部	动物雄激素、孕激素、雌激素	液相色谱-质谱	色谱图分析
	185	SN/T 4892—2017	出口动物源性食品中雌二醇、睾酮和孕酮残留量及稳定碳同位素比值的测定	全部	雌二醇、睾酮和孕酮	高效液相色谱-质谱	色谱图分析
	186	SN/T 4143—2015	出口动物及其制品中玉米赤霉醇残留量检测方法 酶联免疫法	全部	玉米赤霉醇	酶联免疫法	吸光度
激素类药物	187	SN/T 4058—2014	出口动物源性食品中玉米赤霉醇类残留量的检测方法 免疫亲和柱净化-HPLC 和 LC-MS/MS法	全部	玉米赤霉醇	高效液相色谱-质谱	色谱图分析
	188	SN/T 2222—2008	进出口动物源性食品中糖皮质激素类兽药残留量的检测方法 液相色谱-质谱/质谱法	全部	曲安西龙、泼尼松龙、氢化可的松、泼尼松、地塞米松、氟米松、曲安奈德	液相色谱-质谱	色谱图分析
	189	SN/T 2160—2008	动物源食品中氢化泼尼松残留量检测方法 气相色谱-质谱/质谱法	全部	氢化泼尼松	气相色谱-质谱	色谱图分析
	190	SN/T 1955—2007	动物源性食品中二苯乙烯类激素残留量检测方法 酶联免疫法	全部	二苯乙烯类激素	酶联免疫法	吸光度
	191	SN/T 1959—2007	动物源性食品中醋酸甲羟孕酮残留量的检测方法 酶联免疫法	全部	醋酸甲羟孕酮	酶联免疫法	吸光度

（续）

分类	序号	标准号	标准名称	水产品种类	检测种类	方法	主要技术参数
激素类药物	192	SN/T 1980—2007	进出口动物源性食品中孕激素类药物残留量的检测方法 高效液相色谱-质谱/质谱法	全部	烯丙孕素、炔诺孕酮等9种孕激素	高效液相色谱-质谱	色谱图分析
	193	SC/T 3029—2006	水产品中甲基睾酮残留量的测定 液相色谱法	全部	甲基睾酮	液相色谱法	色谱图分析
	194	农业部1163号公告—9—2009	水产品中己烯雌酚残留检测 气相色谱-质谱法	鱼类、虾类	己烯雌酚	气相色谱-质谱	色谱图分析
	195	农业部1031号公告—1—2008	动物源性食品中11种激素残留检测 液相色谱-串联质谱法	全部	睾酮、甲基睾酮等11种激素	液相色谱-质谱	色谱图分析
	196	农业部1031号公告—2—2008	动物源性食品中糖皮质激素类药物多残留检测 液相色谱-串联质谱法	全部	泼尼松、泼尼松龙等8种糖皮质激素	液相色谱-质谱	色谱图分析
	197	农业部958号公告—10—2007	水产品中雌二醇残留量的测定 气相色谱质谱法	全部	雌二醇	气相色谱-质谱	色谱图分析
	198	农业部1025号公告—19—2008	动物源性食品中玉米赤霉醇类药物残留检测 液相色谱-串联质谱法	全部	玉米赤霉醇	液相色谱-质谱	色谱图分析
消毒剂	199	GB 5009.226—2016	食品安全国家标准 食品中过氧化氢残留量的测定	全部	过氧化氢	化学滴定	化学滴定
	200	GB 5009.244—2016	食品安全国家标准 食品中二氧化氯的测定	全部	二氧化氯	分光光度法	吸光度

（续）

分类	序号	标准号	标准名称	水产品种类	检测种类	方法	主要技术参数
	201	GB/T 20361—2006	水产品中孔雀石绿和结晶紫残留量的测定 高效液相色谱荧光检测法	全部	孔雀石绿和结晶紫	高效液相色谱荧光检测法	色谱图分析
	202	GB/T 19857—2005	水产品中孔雀石绿和结晶紫残留量的测定	全部	孔雀石绿和结晶紫	高效液相色谱-质谱	色谱图分析
	203	SC/T 9435—2019	水产养殖环境（水体、底泥）中孔雀石绿的测定 高效液相色谱法	无	孔雀石绿	高效液相色谱法	色谱图分析
	204	SC/T 3021—2004	水产品中孔雀石绿残留量的测定 液相色谱法	全部	孔雀石绿	液相色谱法	色谱图分析
消毒剂	205	SN/T 5116—2019	进出口食用动物、饲料孔雀石绿、结晶紫测定 液相色谱-质谱/质谱法	全部	孔雀石绿、结晶紫	液相色谱-质谱法	色谱图分析
	206	SN/T 0127—2011	进出口动物源性食品中六六六、滴滴涕和六氯苯残留量的检测方法 气相色谱-质谱法	全部	六六六、滴滴涕和六氯苯	气相色谱-质谱法	色谱图分析
	207	SN/T 1974—2007	进出口水产品中亚甲基蓝残留量检测方法 液相色谱-质谱/质谱法和高效液相色谱法	鱼类、虾类	亚甲基蓝	高效液相色谱法	色谱图分析
	208	DB13/T 2952—2019	养殖水体中孔雀石绿残留量的测定 液相色谱-串联质谱法	无	孔雀石绿	液相色谱-质谱分析	色谱图分析

（续）

分类	序号	标准号	标准名称	水产品种类	检测种类	方法	主要技术参数
消毒剂	209	DB43/T 1422—2018	渔业水体中孔雀石绿的测定 液相色谱-串联质谱法	无	孔雀石绿	液相色谱-质谱	色谱图分析
	210	DB34/T 2252—2014	水产品中孔雀石绿残留的检测 胶体金免疫层析法	鱼类、龟类	孔雀石绿及其代谢物	胶体金免疫层析法	试纸条判断
	211	DB22/T 1617—2012	饲料中孔雀石绿、隐色孔雀石绿、结晶紫和隐色结晶紫的测定 液相色谱-质谱/质谱法	无	孔雀石绿、隐色孔雀石绿、结晶紫和隐色结晶紫	液相色谱-质谱	色谱图分析
	212	DB34/T 1421—2011	水产品中孔雀石绿及其代谢物残留量的快速筛选测定 酶联免疫法	全部	孔雀石绿及其代谢物	酶联免疫法	吸光度
	213	DB37/T 1780—2011	水产苗种中孔雀石绿、结晶紫、亚甲基蓝及其代谢物残留量的测定 液相色谱法	水产苗种	孔雀石绿、结晶紫、亚甲基蓝及其代谢物	液相色谱法	色谱图分析
	214	DB13/T 1358—2011	养殖用水中孔雀石绿快速测定方法 激光拉曼光谱法	无	孔雀石绿	激光拉曼光谱法	拉曼光谱图
	215	T/CIMA 0009—2019	水产品中孔雀石绿快速检测自动化前处理仪	全部	孔雀石绿	孔雀石绿快速检测自动化前处理仪	无
	216	GB 31660.3—2019	食品安全国家标准 水产品中氟乐灵残留量的测定 气相色谱法	全部	氟乐灵	气相色谱-质谱	色谱图分析

（续）

分类	序号	标准号	标准名称	水产品种类	检测种类	方法	主要技术参数
	217	GB 23200.93—2016	食品安全国家标准 食品中有机磷农药残留量的测定 气相色谱-质谱法	全部	敌敌畏、二嗪磷、皮蝇磷、杀螟硫磷、马拉硫磷、毒死蜱、倍硫磷、对硫磷、乙硫磷、蝇毒磷	气相色谱-质谱	色谱图分析
	218	GB 23200.88—2016	食品安全国家标准 水产品中多种有机氯农药残留量的检测方法	鳄鱼	六六六、六氯苯等14种有机氯农药	气相色谱-质谱	色谱图分析
	219	GB 23200.91—2016	动物源性食品中9种有机磷农药残留量的测定 气相色谱法	全部	敌敌畏、甲胺磷等9种有机磷农药	气相色谱-质谱	色谱图分析
农药	220	GB/T 23207—2008	河鲀、鳗和对虾中485种农药及相关化学品残留量的测定 气相色谱-质谱法	河鲀和鳗	土菌灵、苯胺灵等485种农药	气相色谱-质谱	色谱图分析
	221	GB/T 23208—2008	河鲀、鳗和对虾中450种农药及相关化学品残留量的测定 液相色谱-串联质谱法	河鲀和鳗	异丙威、甲萘威等450种农药	液相色谱-质谱	色谱图分析
	222	GB/T 20772—2008	动物肌肉中461种农药及相关化学品残留量的测定 液相色谱-串联质谱法	全部	苯胺灵、异丙威等461种农药	液相色谱-质谱	色谱图分析
	223	GB/T 19650—2006	动物组织中478种农药多残留测定方法 气相色谱-质谱和液相色谱-串联质谱法	全部	土菌灵、苯胺灵等478种农药	气相色谱-质谱	色谱图分析

（续）

分类	序号	标准号	标准名称	水产品种类	检测种类	方法	主要技术参数
	224	GB/T 5009.161—2003	动物性食品中有机磷农药多组分残留量的测定	全部	甲胺磷、敌敌畏等14种有机磷农药	气相色谱-质谱	色谱图分析
	225	GB/T 5009.163—2003	动物性食品中氨基甲酸酯类农药多组分残留高效液相色谱测定	全部	涕灭威、速灭威、呋喃丹、甲萘威、异丙威	高效液相色谱法	色谱图分析
	226	SN/T 3925—2014	出口动物源食品中多种米尔贝霉素残留量的测定 液相色谱-质谱/质谱法	全部	米尔贝霉素	液相色谱-质谱	色谱图分析
农药	227	SN/T 0706—2013	出口动物源性食品中二溴磷残留量的测定	全部	二溴磷	液相色谱-质谱	色谱图分析
	228	SN/T 2443—2010	进出口动物源性食品中多种酸性和中性药物残留量的测定 液相色谱-质谱/质谱法	全部	四烯雌酮、己酸孕酮等64种农药	液相色谱-质谱	色谱图分析
	229	SC/T 9412—2014	水产养殖环境中扑草净的测定 气相色谱法	无	扑草净	气相色谱法	色谱图分析
	230	DB37/T 3534—2019	水中11种除草剂及代谢物残留量的测定 液相色谱-质谱/质谱法	无	莠去津、脱乙基莠去津等11种除草剂	液相色谱-质谱	色谱图分析
	231	GB/T 21322—2007	动物源食品中3-甲基喹噁啉-2-羧酸残留的测定 高效液相色谱法	全部	3-甲基喹噁啉-2-羧酸	高效液相色谱法	色谱图分析
其他	232	SN 0335—1995	出口鳗中吡咯嘧啶酸残留量检验方法	鳗	吡咯嘧啶酸	液相色谱法	色谱图分析
	233	SC/T 3019—2004	水产品中喹乙醇残留量的测定 液相色谱法	全部	喹乙醇	液相色谱法	色谱图分析

（续）

分类	序号	标准号	标准名称	水产品种类	检测种类	方法	主要技术参数
	234	SN/T 5148—2019	出口动物源食品中可乐定和赛庚啶残留量的测定 液相色谱-质谱/质谱法	全部	可乐定、赛庚啶	液相色谱-质谱	色谱图分析
	235	SN/T 5149—2019	出口动物源食品中卡麦角林残留量的测定 液相色谱-质谱/质谱法	全部	卡麦角林	液相色谱-质谱	色谱图分析
	236	SN/T 5167—2019	出口动物源食品中氢氯噻嗪等10种利尿剂残留量的测定 液相色谱-质谱/质谱法	全部	氢氯噻嗪等10种利尿剂	液相色谱-质谱	色谱图分析
	237	SN/T 5115—2019	进出口食用动物、饲料中卡巴氧测定 液相色谱-质谱/质谱法	全部	卡巴氧	液相色谱-质谱	色谱图分析
其他	238	SN/T 4519—2016	出口动物源食品中利巴韦林残留量的测定 液相色谱-质谱/质谱法	全部	利巴韦林	液相色谱-质谱	色谱图分析
	239	SN/T 4144—2015	进出口动物性食品中卡拉洛尔残留量的测定 液相色谱-质谱/质谱法	全部	卡拉洛尔	液相色谱-质谱	色谱图分析
	240	SN/T 4253—2015	出口动物组织中抗病毒类药物残留量的测定 液相色谱-质谱/质谱法	全部	金刚烷胺、金刚乙胺、美金刚、阿昔洛韦、咪喹莫特、吗啉胍、奥司他韦	液相色谱-质谱	色谱图分析
	241	SN/T 0197—2014	出口动物源性食品中喹乙醇代谢物残留量的测定 液相色谱-质谱/质谱法	全部	喹乙醇	液相色谱-质谱	色谱图分析
	242	SN/T 0212.1—2014	出口动物源食品中二氯二甲吡啶酚残留量的测定	全部	二氯二甲吡啶酚	液相色谱-质谱	色谱图分析

（续）

分类	序号	标准号	标准名称	水产品种类	检测种类	方法	主要技术参数
其他	243	SN/T 3235—2012	出口动物源食品中多类禁用药物残留量检测方法 液相色谱-质谱/质谱法	全部	多类禁用药物	液相色谱-质谱	色谱图分析
	244	SN/T 2802—2011	进出口动物性食品中苯佐卡因残留量的测定 液相色谱法	全部	苯佐卡因	液相色谱法	色谱图分析
	245	SN/T 2488—2010	进出口动物源食品中克拉维酸残留量检测方法 液相色谱-质谱/质谱法	全部	克拉维酸	液相色谱-质谱	色谱图分析
	246	SN/T 2624—2010	动物源性食品中多种碱性药物残留量的检测方法 液相色谱-质谱/质谱法	全部	76 种碱性兽药	液相色谱-质谱	色谱图分析
	247	SN/T 2654—2010	进出口动物源性食品中吗啉胍残留量检测方法 液相色谱-质谱/质谱法	全部	吗啉胍	液相色谱-质谱	色谱图分析
	248	SN/T 2748—2010	进出口动物源性食品中多肽类兽药残留量的测定 液相色谱-质谱/质谱法	全部	杆菌肽、黏杆菌素、维吉尼霉素	液相色谱-质谱	色谱图分析
	249	SN/T 2316—2009	进出口动物源性食品中阿散酸、硝苯砷酸、洛克沙肿残留量检测方法 液相色谱-电感耦合等离子体质谱法	全部	阿散酸、硝苯砷酸、洛克沙肿	液相色谱-电感耦合等离子体质谱法	色谱图分析
	250	SN/T 2321—2009	进出口食品中腈菌唑残留量检测方法 气相色谱质谱法	全部	腈菌唑	液相色谱-质谱	色谱图分析

（续）

分类	序号	标准号	标准名称	水产品种类	检测种类	方法	主要技术参数
其他	251	SN/T 2157—2008	进出口动物源性食品中痢菌净残留量检测方法 液相色谱-质谱/质谱法	全部	痢菌净	液相色谱-质谱	色谱图分析
	252	SN/T 2224—2008	进出口动物源性食品中利福西明残留量检测方法 液相色谱-质谱/质谱法	全部	利福西明	液相色谱-质谱	色谱图分析
	253	SN/T 2226—2008	进出口动物源性食品中乌洛托品残留量的检测方法 液相色谱-质谱/质谱法	全部	乌洛托品	液相色谱-质谱	色谱图分析
	254	SN/T 2190—2008	进出口动物源性食品中非甾体类抗炎药残留量检测方法 液相色谱-质谱/质谱法	全部	对乙酰氨基酚、邻乙酰水杨酸等 20 种非甾体类消炎药	液相色谱-质谱	色谱图分析
	255	SN/T 2113—2008	进出口动物源性食品中镇静剂类药物残留量的检测方法 液相色谱-质谱/质谱法	全部	氯丙嗪、地西泮	液相色谱-质谱	色谱图分析
	256	SN/T 2215—2008	进出口动物源性食品中吩噻嗪类药物残留量的检测方法 酶联免疫法	全部	氯丙嗪、乙酰丙嗪、丙酰丙嗪、丙嗪、三氟丙嗪	酶联免疫法	吸光度
	257	SN/T 2217—2008	进出口动物源性食品中巴比妥类药物残留量的检测方法 高效液相色谱-质谱/质谱法	全部	巴比妥、苯巴比妥、仲丁比妥、异戊巴比妥、戊巴比妥、司可比妥	高效液相色谱法	色谱图分析
	258	SN/T 2220—2008	进出口动物源性食品中苯二氮卓类药物残留量的检测方法 液相色谱-质谱/质谱法	全部	地西泮、奥沙西泮、氯西泮、去甲基氟西泮、氨基氟西泮、利眠宁、氟拉西泮	液相色谱-质谱	色谱图分析

（续）

分类	序号	标准号	标准名称	水产品种类	检测种类	方法	主要技术参数
	259	SN/T 2221—2008	进出口动物源性食品中氮哌酮及其代谢物残留量的检测方法 气相色谱-质谱法	全部	氮哌酮	气相色谱-质谱	色谱图分析
	260	SN/T 2225—2008	进出口动物源性食品中硫普罗宁及其代谢物残留量的测定 液相色谱-质谱/质谱法	全部	硫普罗宁	液相色谱-质谱	色谱图分析
	261	SN/T 2227—2008	进出口动物源性食品中甲氧氯普胺残留量的检测方法 液相色谱-质谱/质谱法	全部	甲氧氯普胺	液相色谱-质谱	色谱图分析
其他	262	SN/T 2239—2008	进出口动物源性食品中氮氨菲啶残留量检测方法 液相色谱-质谱/质谱法	全部	氮氨菲啶	液相色谱-质谱	色谱图分析
	263	SN/T 1922—2007	进出口动物源性食品中对乙酰氨基酚、邻乙酰水杨酸残留量的检测方法 液相色谱-质谱/质谱法	全部	对乙酰氨基酚、邻乙酰水杨酸	液相色谱-质谱	色谱图分析
	264	SN/T 1927—2007	进出口水产品中喹赛多残留量的检测方法液相色谱-质谱/质谱法	全部	喹赛多	液相色谱-质谱	色谱图分析
	265	SN/T 1985—2007	进出口动物源性食品中吩噻嗪类药物残留量检测方法 液相色谱-质谱/质谱法	全部	甲苯噻嗪、异丙嗪、氯丙嗪、乙酰丙嗪、丙酰丙嗪	液相色谱-质谱	色谱图分析

（续）

分类	序号	标准号	标准名称	水产品种类	检测种类	方法	主要技术参数
	266	DB37/T 3818—2019	动物源性食品中喹烯酮药物及代谢物 1-DQCT、BDQCT、MQCA 残留量的测定 液相色谱-串联质谱法	全部	喹烯酮药物	液相色谱-质谱	色谱图分析
	267	DB45/T 1488—2017	动物源性食品中兽药残留量的测定 液相色谱-串联质谱法	全部	西马特罗、沙丁胺醇、克伦特罗、甲硝唑、地美硝唑、氯丙嗪、氯霉素、玉米赤霉素	液相色谱-质谱	色谱图分析
	268	DB37/T 2095—2012	水产品中乙酰甲喹残留量的测定 液相色谱法	全部	乙酰甲喹	液相色谱	色谱图分析
其他	269	DB34/T 1373—2011	动物组织中氯丙嗪的残留测定 酶联免疫吸附法	全部	氯丙嗪	酶联免疫法	吸光度
	270	T/ZACA 023—2020	水产品中 6 种丁香酚类麻醉剂残留量的测定 气相色谱-串联质谱法	全部	丁香酚、甲基丁香酚、异丁香酚、甲基异丁香酚、乙酸丁香酚酯、乙酰基异丁香酚	气相色谱-质谱	色谱图分析
	271	T/ZACA 024—2020	水产品中镇静剂类药物残留量的测定-液相色谱-串联质谱法	全部	地西泮、氯丙嗪等 13 种镇静剂类药物	液相色谱-质谱	色谱图分析
	272	农业部 1077 号公告—4—2008	水产品中喹烯酮残留量的测定 高效液相色谱法	全部	喹烯酮	高效液相色谱法	色谱图分析
	273	农业部 1077 号公告—5—2008	水产品中喹乙醇代谢物残留量的测定 高效液相色谱法	全部	喹乙醇	高效液相色谱法	色谱图分析

2. 药物残留限量标准体系

（1）药物残留限量标准体系　最新的水产品中药物残留限量技术标准以 2019 年 9 月 6 日发布、2020 年 4 月 1 日实施的中华人民共和国国家标准《食品中兽药最大残留限量》（GB 31650—2019）为准，详细见表 6-5。

表 6-5　水产品中药物残留限量标准体系

序号	标准号	标准名称	水产品种类	内　容
1	GB 31650—2019	食品中兽药最大残留限量	鱼，包括鱼纲（Pisces）、软骨鱼（Elasmobranchs）和圆口鱼（Cyclostomes）的水生冷血动物，不包括水生哺乳动物、无脊椎动物和两栖动物，可适用于某些无脊椎动物，特别是头足动物（Cephalopods）。	①规定了阿莫西林（Amoxicillin）等 104 种药物的最大残留限量；②氢氧化铝等 154 种药物允许使用，且不需要制定残留限量；③氯丙嗪等 9 种药物允许作治疗用，但不得检出

（2）禁用药物标准体系　最新的水产品中禁用药物技术标准包括 2 项国家标准和 1 项行业标准，详细见表 6-6。

表 6-6　水产品中药物禁用药物标准体系

序号	标准号	标准名称	水产品种类	内　容
1	农业部 193 号公告	—	食用水产品	停止使用克伦特罗等 21 种药物
2	农业部 2292 号公告	—	食用水产品	停止使用洛美沙星、培氟沙星、氧氟沙星、诺氟沙星 4 种药物
3	NY 5071—2002	无公害食品渔用药物使用准则	食用水产品	规定了地虫硫磷等 32 种药物禁止在水产品中使用

二、持久性有机污染物风险评价技术标准体系

持久性有机污染物风险评价技术标准体系包括相关标准 24 项，涵盖国家、行业及地方标准。检测方法包括液相色谱-质谱/质谱法、液相色谱法、液相色谱-电感耦合等离子体/质谱法、滴定显色法、气相色谱-质谱法、气相色谱法及分子荧光分光光度法等，详细见表 6-7。

表 6-7　水产品中持久性有机污染物风险评价标准体系

序号	标准号	标准名称	水产品种类	检测种类	方法	主要技术参数
1	GB 5009.26—2016	食品安全国家标准　食品中 N-亚硝胺类化合物的测定	全部	N-二甲基亚硝胺	气相色谱-质谱、气相色谱-热能分析仪法	色谱图分析
2	GB 5009.27—2016	食品安全国家标准　食品中苯并(a)芘的测定	全部	苯并(a)芘	液相色谱法	色谱图分析
3	GB 5009.179—2016	食品安全国家标准　食品中三甲胺的测定	全部	三甲胺	气相色谱-质谱联用法	色谱图分析
4	GB 5009.208—2016	食品安全国家标准　食品中生物胺的测定	全部	色胺、β-苯乙胺、腐胺、尸胺、组胺、章鱼胺、酪胺、亚精胺、精胺	液相色谱法、分光光度法	色谱图分析、吸光度
5	GB 5009.231—2016	食品安全国家标准　水产品中挥发酚残留量的测定	全部	挥发酚	分光光度法	吸光度

（续）

序号	标准号	标准名称	水产品种类	检测种类	方法	主要技术参数
6	GB 5009.190—2014	食品安全国家标准 食品中指示性多氯联苯含量的测定	全部	多氯联苯	气相色谱-质谱	色谱图分析
7	GB/T 20364—2006	动物源产品中聚醚类残留量的测定	全部	莫能菌素、盐霉素、甲基盐霉素	液相色谱-质谱	色谱图分析
8	SC/T 9420—2015	水产养殖环境（水体、底泥）中多溴联苯醚的测定 气相色谱-质谱法	无	多溴联苯醚	气相色谱-质谱	色谱图分析
9	SC/T 3039—2008	水产品中硫丹残留量的测定 气相色谱法	全部	硫丹	气相色谱法	色谱图分析
10	SC/T 3042—2008	水产品中 16 种多环芳烃的测定 气相色谱-质谱法	全部	萘、苯并（a）芘等 16 种多环芳烃	气相色谱-质谱	色谱图分析
11	SC/T 3036—2006	水产品中硝基苯残留量的测定 气相色谱法	全部	硝基苯	气相色谱法	色谱图分析
12	SN/T 1873—2019	出口食品中硫丹残留量的检测方法	全部	硫丹	气相色谱-质谱	色谱图分析
13	SN/T 5118—2019	进出口食用动物、饲料中三聚氰胺残留测定 液相色谱-质谱/质谱法	全部	三聚氰胺	液相色谱-质谱	色谱图分析
14	SN/T 4264—2015	出口食品中四聚乙醛残留量的检测方法 气相色谱-质谱法	全部	四聚乙醛	气相色谱-质谱	色谱图分析

（续）

序号	标准号	标准名称	水产品种类	检测种类	方法	主要技术参数
15	SN/T 4000—2014	出口食品中多环芳烃类污染物检测方法 气相色谱-质谱法	全部	萘、苯并（a）芘等16种多环芳烃	气相色谱-质谱	色谱图分析
16	SN/T 3622—2013	出口食品中2-氯苯胺含量的测定 液相色谱-质谱/质谱法	全部	2-氯苯胺	液相色谱-质谱	色谱图分析
17	SN/T 3641—2013	出口水产品中4-己基间苯二酚残留量检测方法	全部	4-己基间苯二酚	液相色谱法	色谱图分析
18	SN/T 2314—2009	进出口动物源性食品中二苯脲类残留检测方法	全部	尼卡巴嗪、双咪苯脲	液相色谱-质谱	色谱图分析
19	SN/T 2216—2008	进出口动物源性食品中秋水仙碱残留的检测方法 液相色谱-质谱/质谱法	全部	秋水仙碱	液相色谱-质谱	色谱图分析
20	DB37/T 3626—2019	水产品中石油烃的测定	鱼类、甲壳类	石油烃	分子荧光分光光度法	吸光度
21	DB32/T 2958—2016	养殖水体中邻苯二甲酸酯的测定 气相色谱-质谱法	无	邻苯二甲酸酯	气相色谱-质谱	色谱图分析
22	DB34/T 1370—2011	动物组织中三聚氰胺的残留测定 气相色谱质谱法	全部	三聚氰胺	气相色谱-质谱	色谱图分析
23	DBS13/005—2016	食品安全地方标准 动物源性食品中多溴联苯醚的测定	全部	多溴联苯醚	气相色谱-质谱	色谱图分析

（续）

序号	标准号	标准名称	水产品种类	检测种类	方法	主要技术参数
24	DB33/T 611—2006	水产品中氰化物残留量的测定	全部	氰化物	滴定显色法	吸光度

三、生物毒素风险评价技术标准体系

水产品生物毒素风险评价技术标准体系包括相关标准 13 项，涵盖国家、行业及地方标准。检测方法包括液相色谱-质谱/质谱法、液相色谱法、小鼠生物法及化学发光免疫分析检测法等，详细见表 6-8。

表 6-8　水产品中生物毒素风险评价技术标准体系

序号	标准号	标准名称	水产品种类	检测种类	方法	主要技术参数
1	GB 5009.198—2016	食品安全国家标准 贝类中失忆性贝类毒素的测定	贝类	失忆性贝类毒素	液相色谱-质谱、酶联免疫法	色谱图分析、吸光度
2	GB 5009.206—2016	食品安全国家标准 水产品中河鲀毒素的测定	河鲀	河鲀毒素	小鼠生物法	MIC
3	GB 5009.212—2016	食品安全国家标准 贝类中腹泻性贝类毒素的测定	贝类	腹泻性贝类毒素	小鼠生物法、液相色谱-质谱	MIC、色谱图分析
4	GB 5009.213—2016	食品安全国家标准 贝类中麻痹性贝类毒素的测定	贝类	麻痹性贝类毒素	小鼠生物法、液相色谱-质谱	MIC、色谱图分析
5	GB 5009.261—2016	食品安全国家标准 贝类中神经性贝类毒素的测定	贝类	神经性贝类毒素	小鼠生物法	MIC
6	GB 5009.273—2016	食品安全国家标准 水产品中微囊藻毒素的测定	全部	微囊藻毒素	液相色谱-质谱	色谱图分析

（续）

序号	标准号	标准名称	水产品种类	检测种类	方法	主要技术参数
7	GB 5009.274—2016	食品安全国家标准 水产品中西加毒素的测定	全部	西加毒素	小鼠生物法、液相色谱-质谱	MIC、色谱图分析
8	SN/T 4251—2015	出口贝类中原多甲藻酸类贝类毒素的测定 液相色谱-质谱/质谱法	贝类	原多甲藻酸类贝类毒素	液相色谱-质谱	色谱图分析
9	SN/T 4319—2015	出口水产品中微囊藻毒素的检测 液相色谱-质谱/质谱法	鱼类、虾类	微囊藻毒素	液相色谱-质谱	色谱图分析
10	SN/T 3263—2012	出口食品中黄曲霉毒素残留量的测定	全部	黄曲霉毒素	高效液相色谱法	色谱图分析
11	SN/T 3314—2012	出口海产品中大田软海绵酸化学发光免疫分析检测方法	贝类	大田软海绵酸	化学发光免疫分析检测法	发光值
12	DB50/T 952—2019	动物组织中赭曲霉毒素 A 的测定 高效液相色谱法和液相色谱-串联质谱法	全部	赭曲霉毒素	高效液相色谱法	色谱图分析
13	DB33T 743—2009	水产品中腹泻性贝类毒素残留量的测定 液相色谱-串联质谱法	全部	大田软海绵酸、鳍藻毒素	液相色谱-质谱	色谱图分析

四、重金属蓄积风险评价技术标准体系

主要包括水产品在重金属蓄积检测技术标准 7 项，包括行业及地方标准，可参照检测多种重金属。检测方法包括离子色谱法、液

相色谱-原子荧光光谱联用（LC-AFS）法、液相色谱-电感耦合等离子体/质谱法及电感耦合等离子体质谱（ICP-MS）法等，详细见表6-9。

表6-9 水产品重金属蓄积风险评价技术标准体系

序号	标准号	标准名称	水产品种类	检测种类	方法	主要技术参数
1	SN/T 4815—2017	进出口食用动物中氟离子的测定 离子色谱法	全部	氟	离子色谱法	色谱图分析
2	SN/T 4851—2017	出口水产品中甲基汞和乙基汞的测定 液相色谱-电感耦合等离子体质谱法	全部	甲基汞、乙基汞	液相色谱-电感耦合等离子体质谱法	色谱图分析
3	SN/T 4893—2017	进出口食用动物中铅、镉、砷、汞的测定 电感耦合等离子体质谱（ICP-MS）法	全部	铅、镉、砷、汞	液相色谱-电感耦合等离子体质谱法	色谱图分析
4	SN/T 3034—2011	出口水产品中无机汞、甲基汞和乙基汞的测定 液相色谱-原子荧光光谱联用(LC-AFS)法	全部	无机汞、甲基汞、乙基汞	液相色谱-原子荧光光谱法	色谱图分析
5	SN/T 3134—2012	出口动物源性食品中硫柳汞残留量的测定 液相色谱-原子荧光光谱法	全部	硫柳汞	液相色谱-原子荧光光谱法	色谱图分析
6	SN/T 1643—2005	进出口水产品中砷的测定 氢化物-原子荧光光谱法	全部	砷	氢化物原子荧光光谱法	原子荧光标准曲线

（续）

序号	标准号	标准名称	水产品种类	检测种类	方法	主要技术参数
7	DB44/T 658—2009	水产品中明矾含量的测定	全部	明矾	EDTA滴定法	无

五、其他

水产品中其他的一些对人体有危害的风险（如亚硝酸盐等）相关技术标准4项，其中3项行业标准，1项地方标准，可以参照检测水产品中盐类。检测方法包括比色法和离子色谱法。标准具体见表6-10，可供食品行业检测参考。

表6-10 水产品中其他风险评价技术标准体系

序号	标准号	标准名称	水产品种类	检测种类	方法	主要技术参数
1	SN/T 5120—2019	进出口食用动物、饲料中亚硝酸盐测定 比色法和离子色谱法	全部	亚硝酸盐	比色法和离子色谱法	OD值、色谱图分析
2	SN/T 4590—2016	出口水产品中焦磷酸盐、三聚磷酸盐、三偏磷酸盐含量的测定 离子色谱法	全部	焦磷酸盐、三聚磷酸盐、三偏磷酸盐	离子色谱法	色谱图分析
3	SN/T 4049—2014	出口食品中氯酸盐的测定 离子色谱法	全部	氯酸盐	离子色谱法	色谱图分析
4	DB44/T 657—2009	水产品中磷酸盐的测定	全部	磷酸盐	滴定法	无

第三节 水产品质量安全风险控制技术体系

水产品质量安全风险控制相关标准31项，涵盖国家、行业及地方标准。标准规范范围包括水产品运输、卫生、抽样、冷藏、追溯、苗种及交易等方面，详细见表6-11。

表6-11 水产品质量安全风险控制标准体系

序号	标准号	标准名称	控制方法	类别	关键控制点
1	GB/T 34767—2017	水产品销售与配送良好操作规范	人力管理	水产品运输	验货、出入库、运输等
2	GB/T 30891—2014	水产品抽样规范	抽样检测	水产品检测	抽样方法、破坏性检测
3	GB/T 31080—2014	水产品冷链物流服务规范	人力管理	水产品运输	冷链运输
4	GB/T 29568—2013	农产品追溯要求 水产品	产品信息查询	水产品检测	信息记录
5	GB/T 26544—2011	水产品航空运输包装通用要求	航空运输	水产品运输	产品包装
6	GB/T 24861—2010	水产品流通管理技术规范	人力管理	水产品运输	活体、冰鲜、冷冻水产品运输
7	GB/T 27304—2008	食品安全管理体系 水产品加工企业要求	人力管理	水产品加工	厂区车间环境、生产设备、水质等
8	GB/Z 21700—2008	出口鳗制品质量安全控制规范	人力管理	水产品出口	鳗苗种、病害检测、养殖设备等
9	GB/Z 21702—2008	出口水产品质量安全控制规范	人力管理	水产品出口	苗种、饲料、水质等
10	GB/T 19838—2005	水产品危害分析与关键控制点（HACCP）体系及其应用指南	HACCP体系	水产品标准设立	HACCP体系
11	GB/T 5009.45—2003	水产品卫生标准的分析方法	实验检测	水产品质量	理化试验
12	NY/T 3204—2018	农产品质量安全追溯操作规程 水产品	产品信息查询	水产品质量	信息记录、追溯码编码

（续）

序号	标准号	标准名称	控制方法	类别	关键控制点
13	NY/T 5344.7—2006	无公害食品 产品抽样规范 第7部分：水产品	抽样检测	水产品检测	抽样方法
14	NY/T 398—2000	农、畜、水产品污染监测技术规范	抽样检测	水产品检测	重金属离子、药物施用
15	SC/T 3043—2014	养殖水产品可追溯标签规程	产品信息查询	水产品检测	产品标识、追溯编码
16	SC/T 3044—2014	养殖水产品可追溯编码规程	追溯码验证	水产品检测	追溯码验证
17	SC/T 3045—2014	养殖水产品可追溯信息采集规程	产品信息查询	水产品检测	信息记录、追溯码
18	SC/T 3016—2004	水产品抽样方法	抽样检测	水产品检测	破坏性检测
19	SB/T 10523—2009	水产品批发交易规程	人力管理	水产品运输	市场交易、产品检测
20	SN/T 3197—2012	出口动物及动物源性食品残留监控技术规范	实验检测	水产品检测	药物残留、环境污染物残留
21	SN/T 1885.1—2007	进出口水产品储运卫生规范 第1部分：水产品保藏	人力管理	水产品运输	存储环境、冷库温度、人员要求等
22	SN/T 1885.2—2007	进出口水产品储运卫生规范 第2部分：水产品运输	人力管理	水产品运输	运输工具、产品包装、人员要求等
23	SN/T 0376—1995	出口水产品检验抽样方法	抽样检测	水产品检测	抽样方法
24	农业部1192号公告—1—2009	水产苗种违禁药物抽检技术规范	实验检测	水产品检测	违禁药物
25	DB36/T 1081—2018	养殖水产品可追溯数据接口规范	产品信息查询	水产品检测	XML文件数据采集

（续）

序号	标准号	标准名称	控制方法	类别	关键控制点
26	DB12/T 3015—2018	水产品冷链物流操作规程	人力管理	水产品运输	冷链物流、冷库储存、运输条件等
27	DB32/T 2878—2016	水产品质量追溯体系建设及管理规范	产品信息查询	水产品检测	追溯技术体系
28	DB34/T 1898—2013	池塘养殖水产品质量安全可追溯管理规范	人力管理	水产品质量	池塘水质、苗种、药物使用情况等
29	DB43/T 698—2012	水产品冷链物流技术与管理规范	人力管理	水产品运输	冷链运输、冷库条件、运输要求等
30	DB22/T 1651—2012	产地水产品质量追溯操作规程	产品信息查询	水产品检测	养殖户编码、产品标识
31	DB12/T 232—2005	无公害水产品 防疫技术规范	人力管理	水产品质量	养殖场消毒、苗种

参 考 文 献

蔡华，罗宝章，熊丽蓓，等，2018. 上海市水产品中重金属污染情况 [J]. 卫生研究，47（5）：740-743.

蔡路昀，万江丽，周小敏，等，2019. 超声波技术在鱼类加工中的应用研究进展 [J]. 食品科学技术学报，38（2）：114-120.

陈宝建，李莉莎，林金祥，等，2005. 生食香鱼感染阔节裂头绦虫1例报告 [J]. 热带病与寄生虫学，3（2）：126.

陈大伟，2008. 有机氯农药废水辐射降解研究 [D]. 长春：东北师范大学.

陈蝶，高明，吴南翔，2018. 持久性有机污染物的毒性及其机制研究进展 [J]. 环境与职业医学，35（6）：558-565.

陈广全，饶红，傅浦博，等，2005. 食品中诺沃克样病毒和甲肝病毒检测方法研究进展 [J]. 检验检疫科学，15（6）：51-54.

陈广全，曾静，张惠媛，等，2008. 食源性致病病毒基因芯片方法检测 [J]. 中国公共卫生，8（5）：635-637.

陈韶红，张永年，李树清，等，2010. 应用FTA法检测水产品中吸虫囊蚴的初步研究 [J]. 中国人兽共患病学报，26（10）：931-934.

陈胜军，李来好，杨贤庆，等，2015. 我国水产品安全风险来源与风险评估研究进展 [J]. 食品科学，36（17）：300-304.

陈述平，2003. 微生物风险评估的原则与规范 [J]. 中国水产，3：20-23.

陈星星，黄振华，陆荣茂，等，2017. 三门湾海域水产品重金属含量及健康风险评估 [J]. 浙江农业科学，58（10）：1751-1754.

陈学泽，沈银梅，汤林，2008. APDC和氧化铝富集-冷原子吸收光谱法测定水产品中的痕量汞 [J]. 食品工业科技，10：256-258.

程文琴，许金波，2005. γ-射线辐照对蛋白制品中病毒灭活作用研究进展 [J]. 中国消毒学杂志，3：329-331.

崔立群，王传干，2015. 论食品安全管理中的预防原则 [J]. 学术界，3：159-166，326.

戴俊，孙芳芳，洪烨，等，2020. 广东口岸水源性传染病致病菌分布调查 [J]. 中国国境卫生检疫杂志，43（1）：53-57.

邓立，朱明，2006. 食品工业高新技术设备和工艺［M］. 北京：化学工业出版社.

邓明俊，肖西志，张凤娟，等，2015. 食源性寄生虫的风险评估［J］. 动物医学进展，36（3）：115-119.

邓艳，张雅兰，高丽君，等，2018.2013—2015 年河南省部分水产品寄生虫感染情况调查［J］. 河南预防医学杂志，29（8）：600-603.

邓义佳，王润东，王雅玲，等，2019. 鱼干制品中真菌及次生代谢产物污染现状［J］. 卫生研究，48（4）：677-680.

丁海燕，孙晓杰，宁劲松，等，2018. 储藏温度对 3 种海水鱼产生生物胺的规律影响研究［J］. 食品科技，43（9）：172-177.

董庆利，王海梅，Pradeep K MALAKAR，等，2015. 我国食品微生物定量风险评估的研究进展［J］. 食品科学，36（11）：221-229.

董啸天，2019. 我国海水养殖产品食品安全保障体系研究［D］. 青岛：中国海洋大学.

董玉瑛，冯霄，2003. 持久性有机污染物分析和处理技术研究进展［J］. 环境污染治理技术与设备，6：49-55.

杜冰，孙鲁闽，郝文博，等，2016. 台海浅滩渔场不同水产品中重金属含量与暴露风险评价［J］. 农业环境科学学报，35（11）：2049-2058.

杜静，2019. 山东沿海主要养殖贝类中持久性有机污染物的残留与风险评价［D］. 上海：上海海洋大学.

杜强，屠博文，等，2016. 全自动免疫磁珠分选系统检测沙门菌［J］. 食品安全质量检测学报，7（5）：1836-1839.

段国庆，唐议，2009. 基于供应链的养殖水产品质量安全控制机制研究［J］. 湖南农业科学，8：143-146，153.

段文佳，2011. 水产品中甲醛的暴露评估与风险管理研究［D］. 青岛：中国海洋大学.

范丽丽，傅春玲，丁薇薇，2012. 苏州地产水生蔬菜和太湖水产品总汞含量分析［J］. 食品科学，33（12）：273-275.

方堃，2006. 海洋微藻对多氯联苯的吸附作用研究［D］. 大连：大连海事大学.

方科益，陈树兵，李双，等，2019. 水产品中 11 种海洋生物毒素的高效液相色谱-四极杆/静电场轨道阱高分辨质谱检测方法研究［J］. 分析测试学报，38（9）：1091-1096.

冯永强，阎小君，苏成芝，2000. 基因芯片技术［J］. 国外医学（分子生物学分册）（1）：1-5.

高剑容，2019. 南湾街道水产品兽药残留监测分析 [J]. 食品安全质量检测学报，10（20）：7085-7089.

高仁君，陈隆智，郑明奇，等，2004. 农药对人体健康影响的风险评估 [J]. 农药学报，3：8-14.

高爽，谢明杰，金大智，等，2007. 运用基因芯片技术建立检测水产食品中常见病原微生物方法的研究 [J]. 生物技术通讯，1：72-76.

桂英爱，王洪军，刘春林，等，2007. 孔雀石绿及其代谢产物在水产动物体内的残留、危害及检测研究进展 [J]. 大连水产学院学报，4：293-298.

郭胜男，2019. 生鲜水产品冷链物流销售环节风险管理研究 [D]. 淮南：安徽理工大学.

韩建欣，魏建华，刘碧琳，等，2014. 应用层次分析法对水产品中兽药残留进行风险评价 [J]. 标准科学，10：39-41.

韩丽娟，遇婷，廖文，等，2016. BAX 实时荧光定量 PCR 法快速检测水产品中副溶血性弧菌 [J]. 中国卫生检验杂志，26（17）：2492-2493.

韩莹，刘文彬，邢颖，等，2018. 我国大闸蟹中二噁英类持久性有机污染物的暴露水平研究 [J]. 食品安全质量检测学报，9（16）：4302-4307.

韩照祥，胡喜兰，王庆祝，2006. 重金属在鱼体内的蓄积及其防御机制研究 [J]. 水利渔业，5：76-77，91.

杭瑜瑜，2010. 超高压处理对副溶血性弧菌的影响及其在鱼糜制品中的应用研究 [D]. 杭州：浙江工商大学.

何佳璐，方力，余新威，2017. 舟山市海产品铅、镉、甲基汞污染调查 [J]. 预防医学，29，3：240-242.

胡红美，郭远明，孙秀梅，等，2016. 超声波萃取-PSA 净化-气相色谱法测定水产品中氯霉素 [J]. 浙江海洋学院学报（自然科学版），35（3）：222-227.

胡红美，郭远明，孙秀梅，等，2014. 气相色谱法测定鲍鱼不同组织中的多氯联苯 [J]. 理化检验（化学分册），50（3）：307-311.

胡元庆，黄玉萍，李凤霞，等，2017. 水产品中副溶血性弧菌 LAMP 检测方法的优化 [J]. 现代食品科技，33（6）：313-320，247.

侯熙格，2016. 发达国家水产品可追溯体系的特点及启示 [J]. 北京农业职业学院学报，30（3）：40-44.

黄驰云，2010. 冻生虾仁中大肠杆菌和金黄色葡萄球菌的风险评估及对产品货架期的预测 [D]. 湛江：广东海洋大学.

黄宏瑜，许悦生，王丽玲，等，1998. 珠海市水产品中汞镉铅砷污染状况监测 [J]. 中国公共卫生（1）：24-25.

黄会，刘慧慧，李佳蔚，等，2019. 水产品中微囊藻毒素检测方法及污染状况研究进展 [J]. 中国渔业质量与标准，9 (2)：32-43.

黄鸢玉，杨姝丽，吴祥庆，等，2018. 高效液相色谱法测定水产品中土霉素的残留量 [J]. 理化检验（化学分册），54 (11)：1355-1358.

黄勇，2012. 基于安全与效率的武汉市水产品供应链结构优化研究 [D]. 武汉：华中农业大学.

姜安玺，刘丽艳，李一凡，等，2004. 我国持久性有机污染物的污染与控制 [J]. 黑龙江大学自然科学学报，2：97-101.

蒋长征，张立军，戎江瑞，等，2008. 宁波市鲜活水产品有机氯农药残留现状及对策分析 [J]. 中国预防医学杂志，3：215-216.

蒋守富，张小萍，何艳燕，2014. 食品寄生虫快速检测技术的应用进展 [J]. 中国食品卫生杂志，26 (1)：95-100.

降升平，马若欣，刘文岭，等，2010. 近海海洋生物体中多环芳烃的 GC-MS 分析 [J]. 天津科技大学学报，25 (4)：25-28.

金重阳，刘辉，荆志严，1997. 活性炭纤维处理含多氯联苯废水的研究 [J]. 环境保护科学，3：6-7.

孔聪，2014. 二氧化钛光降解鲫鱼肉中亚甲基蓝及其代谢物残留 [C] //中国化学会. 中国化学会第 29 届学术年会摘要集. 北京：中国化学会：28-29.

孔一颖，粤海渔，2017. 保卫"舌尖上的水产安全"用了什么招式？[J]. 海洋与渔业，9：26-28.

寇晓霞，吴爱武，范宏英，2018. 广东省市售牡蛎中诺如病毒污染调查 [J]. 现代预防医学，45 (24)：4439-4442.

寇晓霞，吴清平，张菊梅，等，2005. 单管半套式 RT-PCR 法检测贝类中轮状病毒的研究 [J]. 微生物学报，3：401-404.

黎飞，孟庆辉，杜伟，等，2019. 浙江省养殖和流通领域部分水产品中铬含量分析 [J]. 浙江农业科学，60 (7)：1248-1249，1255.

李爱阳，伍素云，刘宁，等，2020. 电感耦合等离子体串联质谱测定水产品中的痕量重金属元素 [J]. 食品与发酵工业，46 (9)：260-264.

李丹，2010. 贝类中诺如病毒的快速检测及超高压灭活研究 [D]. 青岛：中国海洋大学.

李继源，2015. 鱼类甲基汞检测方法优化及在校学生摄食鱼类甲基汞风险评估研究 [D]. 上海：上海海洋大学.

李杰，陆庆，易路遥，等，2017. 高效液相色谱-电感耦合等离子体质谱法检测水产品中铅的形态 [J]. 中国卫生检验杂志，27 (20)：2908-2910，2931.

李琳, 潘子强, 2011. 水产品特定腐败菌的确定及生长模型建立研究进展 [J]. 食品研究与开发, 32 (6): 152-156.

李昇昇, 李敏, 朱晓辉, 等, 2020. 大亚湾海产中重金属的健康风险与海产消费建议 [J]. 环境化学, 2: 352-361.

李停停, 张小军, 陈雪昌, 等, 2018. 酶联免疫法快速检测水产品中喹乙醇代谢物 [J]. 分析试验室, 37 (8): 914-916.

李婷婷, 张勋, 付瑶, 等, 2017. 气相色谱-串联质谱法同时测定可食用动物猪、牛和羊及淡水鱼中 12 种拟除虫菊酯类农药的残留量 [J]. 化学试剂, 39 (1): 41-45, 90.

李文, 2012. 水产品安全现状分析及鮟鱇鱼食用安全性的风险评估 [D]. 青岛: 中国海洋大学.

李小蕾, 2012. 上海市克氏原螯虾中亚硫酸盐及其他危害因素的安全性评价 [D]. 青岛: 中国海洋大学.

李学鹏, 2008. 重金属在双壳贝类体内的生物富集动力学及净化技术的初步研究 [D]. 杭州: 浙江工商大学.

李玉瑞, 2003. 持久性有机污染物 (persistent organic pollutants) [J]. 中华预防医学杂志, 1: 23.

李耘, 2013. 国内外农产品质量安全风险评估制度分析与比对研究 [M]. 北京: 中国质检出版社.

李振, 2007. 青岛地区贝类中诺瓦克样病毒污染状况调查与风险评估初探 [D]. 青岛: 中国海洋大学.

励建荣, 2018. 海水鱼类腐败机制及其保鲜技术研究进展 [J]. 中国食品学报, 18 (5): 1-12.

梁辉, 2007. 降低贻贝蒸煮液中重金属镉、铬含量的工艺优化研究 [D]. 杭州: 浙江工商大学.

梁倩, 朱晓华, 王凯, 等, 2012. 水产品中五氯苯酚及其钠盐含量的气相色谱内标测定法 [J]. 水产学报, 36 (5): 779-786.

林婵, 2018. 水产品中重金属的检测和去除方法 [J]. 现代食品, 2: 101-104.

林陈鑫, 林诗涵, 陈伟伟, 等, 2017. 福建省市售水产品中寄生虫感染调查 [J]. 中国人兽共患病学报, 33 (6): 564-568.

林丽聪, 2019. 超高效液相色谱-串联质谱法测定罗非鱼血浆和肌肉中的丁香酚残留 [J]. 中国渔业质量与标准, 9 (3): 63-68.

刘爱平, 闫立君, 赵香占, 2015. 水产品质量安全监管风险评估及对策 [J]. 河北渔业, 1: 59-61.

刘春泉, 赵永富, 朱佳廷, 等, 2003. 辐照保鲜处理引发河虾中氯霉素降解效

应研究 [J]. 江苏农业科学 (6)：108-110.

刘春泉，朱佳廷，赵永富，等，2004. 冷冻虾仁辐照保鲜研究 [J]. 核农学报，3：216-220.

刘东红，陶玉强，周文佐，2018. 持久性有机污染物在中国湖泊生物中分布与富集的研究进展 [J]. 湖泊科学，30 (3)：581-596.

刘发欣，2007. 区域土壤及农产品中重金属的人体健康风险评估 [D]. 雅安：四川农业大学.

刘慧慧，徐英江，邓旭修，等，2013. 莱州湾及东营近岸海域生物体中有机氯农药和多氯联苯污染状况与风险评价 [J]. 海洋与湖沼，44 (5)：1325-1332.

刘兰，2017. 广州市流通环节水产品质量安全监管问题及对策研究 [D]. 广州：暨南大学.

刘丽，邓时铭，黄向荣，等，2011. 浅谈水产动物中的重金属污染 [J]. 河北渔业，7：51-54.

刘书成，张良，吉宏武，等，2013. 高密度 CO_2 对虾优势腐败菌的杀菌效果及机理 [J]. 农业工程学报，29 (14)：284-292.

刘书贵，尹怡，单奇，等，2015. 广东省鳜鱼和杂交鳢中孔雀石绿和硝基呋喃残留调查及暴露评估 [J]. 中国食品卫生杂志，27 (5)：553-558.

刘淑玲，2009. 水产品中甲醛的风险评估与限量标准研究 [D]. 青岛：中国海洋大学.

刘树青，江晓路，1999. 防腐剂抑制干制水产品霉菌实验 [J]. 齐鲁渔业，4：41-42.

刘伟，孙杰，刘芹，等，2016. 臭氧水减菌化处理在冷鲜鱼肉中的应用 [J]. 江苏农业科学，44 (7)：343-346.

娄晓祎，汤云瑜，田良良，等，2017. 我国贝类重金属污染现状及其脱除技术研究进展 [J]. 食品安全质量检测学报，8 (8)：2841-2846.

罗冬莲，姜琳琳，余颖，等，2015. 福建漳江口水产品中六六六和滴滴涕的残留及其人体健康风险 [J]. 福建水产，37 (1)：54-61.

罗贤如，黄薇，张锦周，等，2015. 深圳市市售食品食源性寄生虫监测结果 [J]. 职业与健康，31 (16)：2205-2207.

罗贤如，张锦周，王舟，等，2019. 深圳市市售水产品中的镉膳食暴露风险评估 [J]. 现代预防医学，46 (2)：238-241.

吕江，2010. 食源性寄生虫病的危害与防控对策 [J]. 畜牧与饲料科学，31 (9)：154-155.

麻丽丹，王殿夫，巴中华，等，2009. Taqman MGB PCR 定量检测水产品中

沙门菌的方法建立 [J]. 食品科学, 30 (20): 303-307.

马会会, 傅瑶, 李莉, 等, 2019. 2012 年—2017 年连云港市市售食品食源性致病菌监测结果分析 [J]. 中国卫生检验杂志, 29 (16): 2031-2034, 2038.

马娟, 2020. 淄博市 2018 年食源性致病菌监测结果分析 [J]. 食品安全导刊 (8): 78-79.

马丽萍, 2013. 贝类中诺如病毒的风险评估及与组织血型抗原相关性 [D]. 上海: 上海海洋大学.

马新东, 林忠胜, 王震, 等, 2009. 气相色谱-负化学源质谱法测定海洋生物中的多溴联苯醚 [J]. 分析试验室, 28 (5): 24-27.

马永, 张温玲, 林真, 等, 2013. 两种沙门菌显色培养基在水产品检验中应用比对研究 [J]. 广东化工, 40 (5): 50, 52.

马玉, 林竹光, 2011. 气相色谱-负离子化学源/质谱法 (GC-NCI/MS) 分析鱼类及贝类样品中多溴联苯醚和多溴联苯 [J]. 分析试验室, 30 (4): 99-103.

马元庆, 张秀珍, 孙玉增, 等, 2010. 栉孔扇贝对重金属的富集效应研究 [J]. 水产学报, 34 (10): 1572-1578.

满兆红, 梁睿, 赵萍, 等, 2015. ICP-OES 法对水产品中重金属污染状况监测分析 [J]. 食品科技, 40 (4): 361-366.

缪苗, 黄一心, 沈建, 等, 2018. 水产品安全风险危害因素来源的分析研究 [J]. 食品安全质量检测学报, 9 (19): 5195-5201.

孟娣, 2007. 水产品中副溶血弧菌快速检测技术及风险评估研究 [D]. 青岛: 中国海洋大学.

孟祥龙, 夏梦, 张云青, 等, 2019. 气相色谱串联质谱法检测水产品中有机氯和菊酯农药残留 [J]. 食品研究与开发, 40 (16): 153-158.

米娜莎, 王栋, 王宁, 等, 2017. 水产品过敏原危害性评价及管理建议 [J]. 中国渔业质量与标准, 7 (6): 30-35.

米娜莎, 2015. 我国水产品质量安全风险分析体系现状与问题研究 [D]. 青岛: 中国海洋大学.

米秀博, 2017. 典型有机污染物在鱼肉中的生物可给性及其在大鼠体内的富集转化规律 [D]. 北京: 中国科学院大学 (中国科学院广州地球化学研究所).

倪明龙, 周航, 罗立津, 2019. 广东省内珠江口海域深海鱼重金属富集特征及食用安全性评价 [J]. 食品安全质量检测学报, 10 (22): 7798-7805.

聂小林, 李淑慧, 熊晓辉, 2019. 水产品质量安全可追溯体系建设探析 [J].

现代食品，23：119-122.

牛景彦，王育水，2019. 水产品质量安全可追溯体系建设问题研究 [J]. 科技创新与生产力，5：37-39.

平华，马智宏，王纪华，等，2014. 农产品质量安全风险评估研究进展 [J]. 食品安全质量检测学报，5（3）：674-680.

钱永忠，2007. 农产品质量安全风险评估 [M]. 北京：中国标准出版社.

秦宁，何伟，王雁，等，2013. 巢湖水体和水产品中多环芳烃的含量与健康风险 [J]. 环境科学学报，33（1）：230-239.

邱正勇，吴玲玲，李艳芬，等，2019. 河南省食品加工从业人员食源性致病菌带菌状况监测分析 [J]. 中国卫生产业，16（11）：155-157，160.

阮学余，2014. 水产品质量安全因素危害分析 [J]. 农业与技术，34（5）：255-256.

荣茂，余婷婷，靳海斌，等，2020. 加速溶剂萃取/凝胶渗透色谱净化/气相色谱-三重四极杆质谱测定水产品中的持久性有机污染物 [J]. 现代食品科技，36（4）：304-315.

邵玉芳，邵世勤，2018. 微波消解-火焰原子吸收光谱法测定水产品中重金属元素 [J]. 食品研究与开发，39（14）：159-162.

邵征翌，2007. 中国水产品质量安全管理战略研究 [D]. 青岛：中国海洋大学.

沈伟，周密，张曦，等，1996. 污染毛蚶辐照消毒净化研究 [J]. 中国公共卫生，9：423-424.

沈媛，2014. 我国水产品流通过程中的质量安全影响因素分析 [D]. 上海：上海海洋大学.

施家威，李和生，王玉飞，2010. 2007—2008 年宁波地区海产品中多氯联苯污染状况分析 [J]. 中国预防医学杂志，11（1）：62-65.

石婧，曲有乐，迟玉峰，2016. 石墨炉原子吸收光谱法快速测定水产品中的铅 [J]. 浙江海洋学院学报（自然科学版），35（1）：65-69.

石磊，2018. 3，3，4，4，5-五氯联苯通过饲料在罗非鱼体内转移蓄积净化规律研究 [D]. 武汉：武汉轻工大学.

宋冬冬，熊海燕，张伟，2019. 广州市售海产品中砷质量安全与健康风险评估 [J]. 食品安全质量检测学报，10（19）：6704-6711.

宋亮，罗永康，沈慧星，2006. 水产品安全生产的现状和对策 [J]. 中国食品卫生杂志，5：445-449.

宋瑞，许东，姚嘉晖等，2019. 上海市徐汇区市售海产品中多溴联苯醚污染水平 [J]. 环境与职业医学，36（11）：1037-1041.

宋筱瑜，李凤琴，江涛，等，2018. 北京市市售牡蛎中诺如病毒污染对居民健康影响的初步定量风险评估［J］. 中国食品卫生杂志，30（1）：79-83.

苏昕，2007. 我国农产品质量安全体系研究［D］. 青岛：中国海洋大学.

孙继鹏，汪东风，李国云，等，2010. 壳寡糖钙、镁配合物对栉孔扇贝体内镉的脱除［J］. 中国海洋大学学报（自然科学版），40（2）：33-37.

孙铭，2011. 诺氟沙星在中国对虾养殖系统中残留及风险评估［D］. 青岛：中国海洋大学.

孙志敏，2008. 中国养殖水产品质量安全管理问题研究［D］. 青岛：中国海洋大学.

谭艳，2016. 物联网架构下的水产品质量安全评估方法研究［D］. 锦州：渤海大学.

唐晓阳，2013. 水产品中副溶血弧菌风险评估基础研究［D］. 上海：上海海洋大学.

唐晓阳，邱红玲，巴乾，等，2015. 食品微生物风险评估概述［J］. 生命科学，27（3）：383-388.

唐治宇，2016. 我国水产品质量安全与有机水产养殖的探究［J］. 南方农业，10（3）：141-142.

唐子刚，王琳，郭晓青，等，2015. 基于 QuEChERS 和 GC-ECD 法检测鱼体中17种有机氯农药和多氯联苯残留［J］. 世界科技研究与发展，37（3）：277-280，285.

田甜，文金华，曾祥林，等，2019. 鲜活水产品质量安全风险监测与评估现状及展望［J］. 食品安全质量检测学报，10（24）：8524-8530.

汪何雅，纪丽君，钱和，等，2010. 国外食品安全风险排名中几个典型模型的比较［J］. 食品与发酵工业，36（9）：119-123.

王大鹏，史贤明，2011. 贝类中致病微生物的检测技术及其组织分布［J］. 微生物学报，51（10）：1304-1309.

王保锋，翁佩芳，段青源，等，2016. 宁波居民食用水产品中多环芳烃的富集规律及健康风险评估［J］. 现代食品科技，32（1）：304-312.

王海玲，陈金龙，张全兴，2003. 树脂吸附法处理硫化促进剂 CA 生产废水的研究［J］. 环境污染治理技术与设备，10：43-47.

王浩然，伊丽丽，王红卫，等，2018. 秦皇岛近海域海产品中铅、镉、汞和无机砷污染状况及食用风险评价［J］. 现代预防医学，45（24）：4443-4446.

王慧，毛伟峰，蒋定国，等，2019. 中国居民水产品中四种常见重金属暴露评估［J］. 中国食品卫生杂志，31（5）：470-475.

王晶，2009. 细菌荧光素酶-NADH：FMN 氧化还原酶体系与 IMS 联用进行水产品致病菌的快速检测［D］. 青岛：中国海洋大学.

王丽川，2012. 物联网的应用对水产品供应链竞争力提升的研究［D］. 广州：华南理工大学.

王立明，苑春亭，何鑫，等，2016. 乳山和广饶养殖贝类重金属含量分析及食用健康风险评估［J］. 中国渔业质量与标准，6（5）：37-44.

王猛，王康康，杨雪丽，等，2020. 超声辅助衍生——液相色谱串联质谱法快速检测鱼肉中 4 种硝基呋喃类代谢物残留［J］. 疾病预防控制通报，35（3）：28-31，38.

王明对，2016. 广东省水产品质量安全监管研究［D］. 湛江：广东海洋大学.

王鹏，朱荣菊，2016. 食品中持久性有机污染物现状及对策研究［J］. 食品安全质量检测学报，7（11）：4557-4561.

王秋芳，2008. 绿色壁垒对我国水产品可持续出口的影响效应及对策［D］. 青岛：中国海洋大学.

王绥家，郜雅楠，李霖，等，2017. 我国水产品质量安全问题分析及对策探讨［J］. 南方农业，11（20）：71，73.

王小博，2017. 水产品中常见真菌毒素的污染状况调查及对虾中残留的风险评估［D］. 湛江，广东海洋大学.

王雅玲，房志家，孙力军，2019. 水产品产业链中真菌毒素的危害与控制［M］. 北京：科学出版社.

王裕玲，2010. 持久性有机污染物的防治技术［J］. 重庆三峡学院学报，26（3）：83-88.

王玉荣，2011. 食源性寄生虫病的类型及防治措施［J］. 现代农业科技，15：344，346.

王运照，胡文忠，李婷婷，等，2015. 基因芯片在微生物检测中的应用及发展概况［J］. 食品工业科技，36（15）：396-400.

王正彬，刘永涛，艾晓辉，等，2016. 微生物法检测水产品中粘杆菌素的残留［J］. 南方水产科学，12（3）：98-105.

王正彬，刘永涛，董靖，等，2015. 水产品中杆菌肽残留的微生物法检测［J］. 华中农业大学学报，34（5）：105-110.

魏纪玲，周卫川，邵碧英，等，2008. PCR 检测螺类感染广州管圆线虫方法的建立与应用［J］. 中国人兽共患病学报，24（12）：1136-1140.

魏佳容，2008. 我国水产品质量安全现状及法律对策研究［J］. 科学养鱼，10：41-43.

魏建华，许慨，蔡颖，等，2012. 出口水产品中孔雀石绿残留风险评价数学模型的建立［J］. 中国国境卫生检疫杂志，35（2）：126-130.

魏建华，张林田，陆奕娜，2014. 应用层次分析法对出口水产品中呋喃残留进行风险评价 [J]. 检验检疫学刊，24 (1)：68-72.

魏梦泽，韩姣姣，芦晨阳，等，2018. 水产品中荧光假单胞菌（*Pseudomonas fluorescens*）RT-LAMP 可视化检测方法的建立及应用 [J]. 海洋科学，42 (11)：91-98.

卫萍，2013. 非热处理对华支睾吸虫囊蚴致死作用及囊蚴组织化学研究 [D]. 南宁：广西大学.

卫萍，盛金凤，刘小玲，2013. 臭氧对离体华支睾虫囊蚴生命力的影响 [J]. 南方农业学报，44 (1)：150-154.

吴凤琪，岳振峰，张毅，等，2020. 食品中主要霉菌毒素分析方法的研究进展 [J]. 色谱，38 (7)：759-767.

吴嘉文，漆亚乔，苏燕瑜，2019. 水产品中重金属的污染现状及其检测技术的研究 [J]. 农产品加工 (16)：57-58，62.

吴青，2015. 北京市水产品污染及腹泻病例副溶血性弧菌关联性分析 [D]. 北京：中国疾病预防控制中心.

吴清平，寇晓霞，张菊梅，2004. 食源性病毒及其检测方法 [J]. 微生物学通报，3：101-105.

吴群芳，2015. 牡蛎干制加工与贮藏过程中的品质变化及其控制研究 [D]. 厦门：集美大学.

吴仕辉，陈昆慈，戴晓欣，等，2011. 分散固相萃取/高效液相色谱法测定水产品中氯苯胍的残留量 [J]. 分析测试学报，30 (12)：1356-1361.

吴晓峰，鲍思雯，周正豪，等，2019. 杭州市市售菲律宾蛤仔卫生状况调查 [J]. 预防医学，31 (9)：943-945，949.

向敏荣，王舟，2019. 深圳市 2014—2018 年市售淡水产品兽药残留分析 [J]. 中国热带医学，19 (12)：1137-1140.

相兴伟，郑斌，顾丽霞，等，2017. 双重 LAMP 技术快速检测水产品中副溶血性弧菌和霍乱弧菌的方法学研究 [J]. 现代食品科技，33 (1)：253-260.

肖春霖，严峰，2018. 海口市售 6 种海洋贝类中多氯联苯（PCBs）含量及其潜在致癌风险评价 [J]. 生态与农村环境学报，34 (12)：1091-1095.

肖璐，邬旭龙，王印，等，2015. 环介导等温扩增技术及其应用 [J]. 动物医学进展，36 (7)：113-117.

谢庆超，李想，赵勇，等，2017. 多重 RT-PCR 快速检测东南沿海城市生食水产品中致病菌污染状况 [J]. 检验检疫学刊，27 (4)：1-5.

谢文平，覃顺枫，马丽莎，等，2017. 海南淡水养殖环境中有机氯农药及重金属残留情况分析 [J]. 环境化学，36 (6)：1407-1416.

谢文平，朱新平，马丽莎，等，2017. 珠江三角洲 4 种淡水养殖鱼类重金属的残留及食用风险评价［J］. 生态毒理学报，12（5）：294-303.

谢文平，朱新平，郑光明，等，2014. 广东罗非鱼养殖区水体及鱼体中多环芳烃的含量与健康风险［J］. 农业环境科学学报，33（12）：2450-2456.

胥谨，2014. 食品安全风险评估制度研究［D］. 苏州：苏州大学．

徐承旭，2019. 全国水产品药残抽检合格率 99.3%［J］. 水产科技情报，46（6）：311.

徐立新，2018. 水产品中重金属及禁用渔药的安全风险评估［D］. 厦门：集美大学．

徐锐，2013. 海产品中恩诺沙星残留的免疫胶体金层析现场快速检测技术［D］. 青岛：中国海洋大学．

许姣，陈磊，巩飙，2020. 2016—2018 年开封市售食品食源性致病菌的监测分析［J］. 河南预防医学杂志，31（5）：408-411.

许钟，杨宪时，郭全友，等，2005. 波动温度下罗非鱼特定腐败菌生长动力学模型和货架期预测［J］. 微生物学报，5：798-801.

杨光昕，苏悦，李冰莲，等，2019. 水产品中孔雀石绿 BA-ELISA 检测方法的建立及应用［J］. 中国渔业质量与标准，9（4）：30-35.

杨宏旺，2015. 改性壳聚糖纤维布对贝类组织中铜和铬离子的吸附研究［D］. 大连：大连理工大学．

杨建辉，2016. 不同农产品质量安全规制体系研究［D］. 济南：山东师范大学．

杨小敏，戚建刚，2012. 欧盟食品安全风险评估制度的基本原则之评析［J］. 北京行政学院学报，3：5-11.

杨治国，林伟，田海军，2009. 人鱼共患疾病［J］. 河南水产，3：37-38.

叶玫，吴成业，余颖，等，2011. 福建省养殖大黄鱼中指示性多氯联苯残留水平及人体暴露风险评估［J］. 海洋科学，35（11）：63-68.

于洪锋，2008. 水中五氯苯酚的光催化降解研究［D］. 天津：天津大学．

于宙，谷小凤，丁白瑜，2020. 液相色谱串联质谱法测定水产及其加工品中孔雀石绿［J］. 农产品加工，2：53-56.

余思佳，2014. 中国养殖水产品质量安全管理体制研究［D］. 上海：上海海洋大学．

余晓琴，方科益，邵曼，等，2020. DMSO 辅助浓缩气相色谱-质谱联用仪测定水产品液相色谱串联质谱法测定水产及其加工品中孔雀石绿中 6 种丁香酚类化合物［J］. 食品工业科技，41（17）：258-262，268.

袁华平，徐刚，王海，等，2018. 食品中的化学性风险及预防措施［J］. 食品安全质量检测学报，9（14）：3598-3602.

姚利利，沈先标，何平，等，2019.2018 年上海市宝山区市售水产品中致病性弧菌污染状况［J］.职业与健康，35（15）：2060-2063.

曾媛，袁超璐，陈益敏，2018.测定金枪鱼产品中的生物胺含量［J］.食品安全质量检测学报，9（22）：5881-5887.

张宾，邓尚贵，林慧敏，等，2011.水产品病原微生物安全控制技术的研究进展［J］.中国食品卫生杂志，23（6）：581-586.

张聪，宋超，裴丽萍，等，2018.环太湖 4 种养殖水产品中氟甲喹的残留量［J］.环境科学与技术，41（S1）：221-225.

张聪，宋超，赵志祥，等，2017.环太湖流域养殖水产品中氟苯尼考残留现状及风险评估［J］.生态环境学报，26（5）：871-875.

张华英，2013."农超对接"模式下水产品供应链质量风险管理研究［D］.广州：华南理工大学.

张辉，2019.舟山市海产贝类常见食源性病毒监测分析［D］.舟山：浙江海洋大学.

张晶宇，宋杨，翟子扬，等，2019.改性介孔材料对贝类副产物中重金属离子的脱除性能［J］.食品工业科技，40（3）：1-6，11.

张景，2017.我国水产品行业风险因素分析［J］.食品安全导刊，3：73.

张磊，2010.我国水产品质量安全监管法律问题研究［D］.武汉：华中农业大学.

张卫兵，张周建，沈明学，等，2012.水产食品安全标准中寄生虫指标的思考［J］.中国卫生标准管理，3（1）：49-52.

张卫佳，蒋其斌，夏天兰，2007.高效液相色谱法测定水产品中孔雀石绿［J］.黑龙江水产，6：7-8.

张文洁，张碧君，王源，等，2019.2015—2017 年天津市市售食品中食源性致病菌污染情况调查分析［J］.解放军预防医学杂志，37（8）：4-6.

张晓梅，何京澄，张鸿伟，等，2014.生物标识物在水产品检测中的应用［J］.食品安全质量检测学报，5（12）：3818-3822.

张小萍，蒋守富，洪国宝，等，2012.上海市市售食品食源性寄生虫污染状况调查［J］.中国血吸虫病防治杂志，24（4）：404-409.

张晓艺，张秀尧，蔡欣欣，等，2019.温州市织纹螺麻痹性贝类毒素和河鲀毒素检测结果分析［J］.预防医学，31（9）：936-939.

张秀雯，郎春燕，曹建平，等，2017.SPME-GC 联用测定沉积物中 PCBs 的影响因素［J］.当代化工，46（2）：207-210.

张宇晗，刘新亮，袁言，等，2020.水产品质量安全风险评估模型［J］.江苏农业科学，48（3）：231-239.

张玉梅，2016. 中日水产品国际竞争力的比较研究［D］. 沈阳：辽宁大学.

张媛，2008. 肉（鱼）源性寄生虫检测方法的研究［D］. 大连：辽宁师范大学.

张昭寰，2019. 副溶血弧菌风险评估关键技术及重要毒理蛋白 VopA 结晶条件筛选的研究［D］. 上海：上海海洋大学.

章丹，2019. 二氧化钛光催化降解亚甲基蓝影响因素的研究［J］. 环境与发展，31（7）：118-120.

章红，易路遥，李杰，等，2017. 高效液相色谱-原子荧光光谱法分析水产品中汞的形态［J］. 农产品质量与安全（1）：68-72.

赵峰，袁超，刘远平，等，2016. 超高压处理对牡蛎（*Crassostrea gigas*）杀菌及贮藏品质的影响［J］. 渔业科学进展，37（5）：157-161.

赵娟，马成，田菊梅，2020. 2015—2019 年定西市食品中食源性致病菌监测分析［J］. 疾病预防控制通报，35（1）：41-43.

赵孔祥，赵云峰，凌云，等，2008. 水产品及葡萄酒中有机锡污染水平的分析［J］. 卫生研究（3）：327-331.

赵玲，陈维政，周蓓蕾，等，2018. 江苏省鲫鱼养殖体系中 18 种多氯联苯和 4 种重金属的污染现状与风险评估［J］. 农药学学报，20（1）：90-99.

赵彤，周慧敏，2016. 水产品常见不安全因素及其对人体的危害［J］. 品牌与标准化，6：66-67.

赵义良，李云，桑丽雅，等，2018. 呋喃唑酮代谢物时间分辨荧光免疫快速检测试剂卡的研制及应用［J］. 食品安全质量检测学报，9（19）：167-174.

赵晓杰，曹建亭，李欣，等，2019. 养殖鱼类质量安全管理与风险因子浅析［J］. 中国水产（4）：39-42.

赵勇，王敬敬，唐晓阳，等，2012. 水产品中食源性致病微生物风险评估研究现状［J］. 上海海洋大学学报，21（5）：899-905.

赵永强，张红杰，李来好，等，2015. 水产品非热杀菌技术研究进展［J］. 食品工业科技，36（11）：394-399.

赵元凤，吕景才，徐恒振，等，2002. 大连湾养殖海域有机氯农药污染研究［J］. 农业工程学报（4）：108-112.

郑关超，郭萌萌，赵春霞，等，2015. 环渤海地区养殖水产品中多环芳烃（PAHs）污染残留及健康风险评估［J］. 中国渔业质量与标准，5（6）：20-26.

郑鹏，邹丽，2018. 供给侧改革下水产品质量追溯体系建设研究［J］. 中国渔业经济，36（2）：86-92.

郑艳，孙炳新，冯叙桥，2012. 我国食品产业链化学性污染分析及其应对措施 [J]. 沈阳农业大学学报（社会科学版），14（5）：542-545.

周德庆，2011. 微生物学教程 [M]. 北京：高等教育出版社：67.

周蓓蕾，赵玲，沈燕，等，2017. 气相色谱-串联质谱法测定虾体中 18 种多氯联苯 [J]. 农药学学报，19（2）：223-230.

周善祥，2007. 建立我国水产品追溯方法的相关研究 [D]. 青岛：中国海洋大学.

邹溪，2018. 食品超高压杀菌技术及其研究进展 [J]. 食品安全导刊，27：184.

朱艾嘉，许战洲，柳圭泽，等，2014. 黄海常见鱼类体内汞含量的种内和种间差异研究 [J]. 环境科学，35（2）：764-769.

朱文慧，步营，于玲，等，2010. 国内外水产品中重金属限量标准研究 [J]. 齐鲁渔业，27（3）：49-51.